中等职业学校电气安装维修理论与实践一体化教材

模 拟 电 子

郭　赟　主编

机 械 工 业 出 版 社

本书根据中等职业学校电气控制与维修专业理论实践一体化课程教学大纲，参照国家职业标准编写。主要内容包括：常用半导体器件，电子制作技术基本知识，单相整流滤波电路，放大电路，运算放大器，正弦波振荡器，直流稳压电源，晶闸管电路。每一章后面都配有相应的技能训练和复习思考题供教学使用，充分体现理论与实践有机结合的教学模式；通过联系生产实际，突出操作技能，重视学生动手能力的培养。

另外，本书配有教学电子课件，包括教案、复习思考题答案、期中与期末模拟试题等，读者可以从机械工业出版社网站下载（网址为：http://www.cmpbook.com）。

本书既可作为中等职业学校电气控制与维修专业教材，也可作为成人高校或职业技术学院相关专业的教材，还可供有关专业技术人员参考和使用。

图书在版编目（CIP）数据

模拟电子/郭赟主编. —北京：机械工业出版社，2007.8（2024.7 重印）
中等职业学校电气安装维修理论与实践一体化教材
ISBN 978-7-111-22013-8

Ⅰ. 模…　Ⅱ. 郭…　Ⅲ. 模拟电路-电子技术-专业学校-教材　Ⅳ. TN710

中国版本图书馆 CIP 数据核字（2007）第 115999 号

机械工业出版社（北京市百万庄大街 22 号　邮政编码 100037）
策划编辑：朱　华　王振国　责任编辑：王振国
版式设计：冉晓华　责任校对：吴美英
封面设计：马精明　责任印制：张　博
北京雁林吉兆印刷有限公司印刷
2024 年 7 月第 1 版 · 第 6 次印刷
184mm×260mm · 10.5 印张 · 248 千字
标准书号：ISBN 978-7-111-22013-8
定价：25.00 元

凡购本书，如有缺页、倒页、脱页，由本社发行部调换
电话服务
社服务中心：(010)88361066
销售一部：(010)68326294
销售二部：(010)88379649
读者服务热线：(010)88379203

网络服务
门户网：http://www.cmpbook.com
教材网：http://www.cmpedu.com
封面无防伪标均为盗版

中等职业学校电气安装维修理论与实践一体化
教材编审委员会

主任委员：王　建

副主任委员：赵承荻　李　伟

委　　员：（排名不分先后）

陈惠群　施利春　郭瑞红　郭　赟　陈秀梅

吕书勇　陈应华　徐　彤　荆宏智　朱　华

张　凯　刘　勇　赵金周　张　明　李宏民

本书主编：郭　赟

副 主 编：郑　宏

参编人员：邵小英　葛守峰　张　韬

本书主审：王　建

本书参审：杜萌萌

序

进入21世纪，我国逐渐成为“世界制造中心”，制造业赖以生存与发展的生产技术主力军是技能型人才队伍。而制造业向消费市场提供的机床、装备机械、电气设备及各种含有电力拖动与电气控制的产品中，其电气系统都占有很大的分量和起着关键作用。要想完成装备中电气系统的研发、试制、安装、维修、操作及使用，就必须有大量的电工类专业技能人才参与。鉴于我国制造业及其他工业企业的人才结构状况，维修电工、机电一体化以及电子技术专业技能人才严重缺乏，尤其是经过培训并获得职业技能资格证书的高技能人才更为奇缺，这种格局已成为制约我国工业经济快速发展的瓶颈。因此，国务院先后召开了“全国职业教育工作会议”和“全国加快培养高技能人才座谈会议”，明确提出在“十一五”期间培养技师和高级技师190万人，培养高级工800万人，使我国高技能人才总量达到2800万人的宏伟目标。

众所周知，高职院校、技师学院、中职学校是培养和造就中高级技能人才的主要阵地，而教材则是使这些学校向学生传授知识与技能的主要工具之一，也是人们接受终身教育和职场发展的学习工具，编写一套既能适应时代要求，又能有效地提高人才培养效果的好教材，就等于为推进技能人才培养提供了成才就业的金钥匙。

随着现代科学技术的不断发展，在电气技术方面电子元器件及变换技术的产生，电动机由直流发电机—电动机调速向各类交流调速方向快速发展；电气控制方面由接触器控制系统向可编程序控制器（PLC）系统发展；机床电气控制也由接触器控制系统向数控机床系统、计算机数控机床（CNC）快速转化。各类职业技术院校针对现代工业企业对技能人才具有极大需求的特点，大胆提出了“知识宽广够用，重在应用技能为本”的人才培养理念；又根据电气技术不断发展，人才培训理念创新和企业人才需求“特点”的时代要求，将原来的专业理论课与技能训练课分别开设的教学内容及教学模式，逐步调整为专业理论与技能训练一体化的教学内容和教学模式。因此，我们组织了长期工作在教学第一线的专家和有丰富教学经验的教师编写了这套适合中、高级技能人才培养的电气安装与维修专业的理论与实践一体化教材。

这套教材在编写原则上，着重强调了理论与实训一体化的知识内容同步、训练同步的模式。教材内容以文字、数据、图、表格相结合的方式展示给学生，以此提高学生的学习兴趣和认知的亲和力。而且，还参照相关国家职业标准规定的知识层次，但在内容上又不完全拘泥于标准，以此照顾到初级、中级技能人才接受知识和技能培训的需要，为各类技能人才培训搭建一个阶梯型架构。同时，也为满足培训、考工和读者自学的需要提供教材的配套。最后，在教材编写过程中尽可能多地充实新知识、新技术、新工艺、新内容，力求增强技术知识的领先性和实用性，重在教会接受培训的人员掌握一些新知识与新技能。本套教材主要作为中等职业学校的教材，也可作为技师学院，高职学校选用参考。

在本套教材的编写过程中，得到了许多学校领导、专家、老师的指导及帮助，在此谨向他们表示衷心的感谢。

由于我们的水平和编写时间有限，教材中难免存在错误和不足之处，诚请从事职业教育的专家、老师和广大读者批评指正。

中等职业学校电气安装维修理论与实践一体化
教材编审委员会

目　录

第一章　常用半导体器件

学习目标

半导体器件是构成各种电子电路和电子设备最基本的单元，要学习电子技术，了解电子电路和电子设备的工作原理，应该先从了解半导体元器件开始。

本章的学习目标是：

1. 了解半导体的基本知识。
2. 掌握 PN 结的单向导电性。
3. 理解二极管、晶体管的工作原理、特性及主要参数。
4. 掌握常用二极管、晶体管的检测方法。

半导体材料制成的半导体器件，是20世纪中叶发展起来的新型电子器件。由于它具有体积小、重量轻、工作可靠、使用寿命长、耗电少等优点，因而在电子技术中得到了广泛的应用。

本章将主要介绍与半导体器件有关的基础知识及二极管、晶体管的结构、工作原理和特性。

第一节　半导体二极管

一、半导体的基本知识

1. 什么是半导体

物质按导电能力强弱不同可分为导体、绝缘体和半导体三大类。半导体的导电能力介于导体和绝缘体之间。目前制造半导体元器件用的最多的是硅和锗两种材料。

2. 半导体的导电特性

半导体具有不同于导体和绝缘体的导电特性。

（1）热敏特性　当温度变化时，半导体的导电性能会随着温度的升高而增强，这种特性称为热敏特性。利用半导体的热敏特性可以制成各种热敏器件，如热敏电阻器。

（2）光敏特性　当半导体受到光照射后，导电能力会随光照的增强而增强，这种特性称为光敏特性。利用光敏特性可制成各种光电元件或器件，如光敏电阻、光敏二极管、光电探测器等。

（3）掺杂特性　当往纯净的半导体中掺入微量的某种杂质元素后，半导体的导电能力会增强很多，这种特性称为掺杂特性。二极管、晶体管是利用掺入杂质的半导体制成的。

3. 杂质半导体

纯净的半导体称为本征半导体，它的导电能力是很弱的，但利用半导体的掺杂特性可制成 N 型和 P 型两种杂质半导体，杂质半导体的导电能力会增强很多。

（1）N 型半导体　又称为电子型半导体，往本征半导体中掺入微量的 5 价元素，如磷（原子最外层有 5 个电子的物质）后，半导体会产生大量的带负电荷的电子（因为半导体原子核最外层只有 4 个电子，掺入 5 价元素后半导体中的电子数增多）。

（2）P 型半导体　又称为空穴型半导体，往本征半导体中掺入微量的 3 价元素，例如硼后，半导体中电子偏少，有大量的空穴（可以看作正电荷）产生。

二、PN 结及其单向导电性

1. PN 结

把 P 型半导体和 N 型半导体用特殊的工艺使其结合在一起，就会在交界处形成一个特殊薄层，该薄层称为“PN 结”，如图 1-1 所示。PN 结是制造半导体二极管、半导体晶体管、场效应晶体管等各种半导体器件的基础。

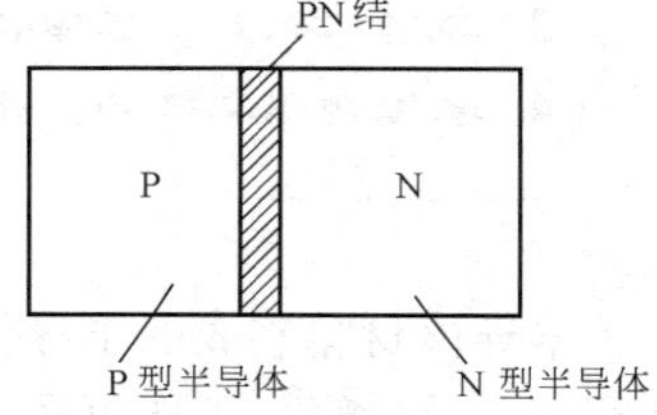

图 1-1　PN 结示意图

2. PN 结的单向导电性

PN 结具有单向导电性，这可以通过下面的实验来验证，实验电路如图 1-2 所示。其中 PN 结用一只具有一个 PN 结的二极管来代替，HL 为指示灯泡，*R* 为限流电阻，*E* 为直流电源，S 为开关。

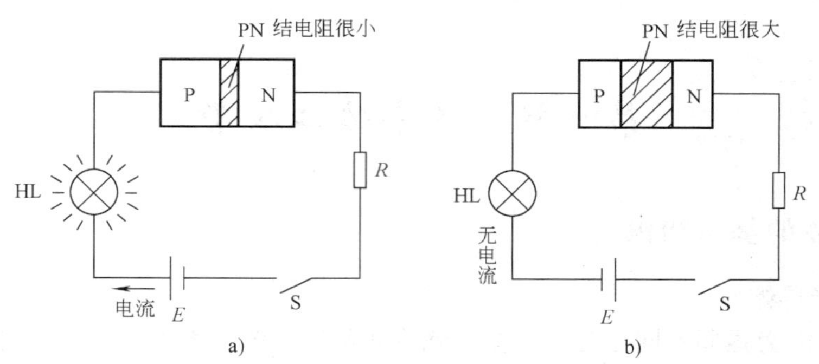

图 1-2　PN 结单向导电性实验电路

a）PN 结加正向电压　b）PN 结加反向电压

（1）PN 结加正向电压——导通　实验电路图 1-2a 所示。当电源正极接 P 区，负极接 N 区，此时的外加电压称为“正向电压”或称“正向偏置”，简称“正偏”。开关 S 闭合后指示灯泡 HL 亮，说明此时 PN 结电阻很小，像导体一样很容易导电，这种现象称为“正向导通”。

（2）PN 结加反向电压——截止　当把电源的正负极相互对调后如图 1-2b 所示。这时电源负极接 P 区，正极接 N 区，此时的外加电压称为“反向电压”或称“反向偏置”，简称“反偏”。开关 S 闭合后指示灯泡 HL 不亮，说明此时 PN 结电阻很大，像绝缘体一样不能导电，这种现象称为“反向截止”。

由以上实验可知：PN 结加正向电压导通，加反向电压截止，这是 PN 结的重要特性，即单向导电性。

三、半导体二极管

1. 二极管的结构、图形符号和型号

（1）结构和图形符号　半导体二极管又叫晶体二极管，简称二极管。二极管实质上是一个 PN 结，从 P 区和 N 区各引出一个电极，然后再封装在管壳内，就制成了一只半导体二极管，如图 1-3a 所示。从 P 区引出的电极为二极管的正极，又叫阳极；从 N 区引出的电极为二极管的负极，又叫阴极。二极管的图形符号如图 1-3b 所示，文字符号用 VD 表示。图形符号中箭头的方向表示二极管正向导通时电流的方向，正常工作时电流由正极流向负极。

二极管是电子电路中经常使用的器件，图 1-4 是几种常见国产二极管的外形。

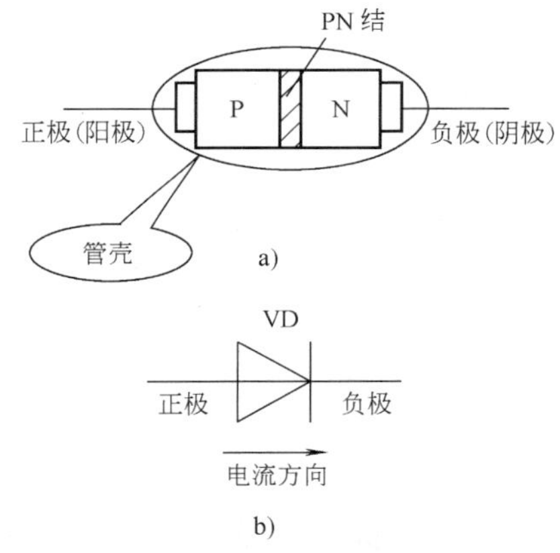

图 1-3　二极管的结构和图形符号
a）结构　b）图形符号

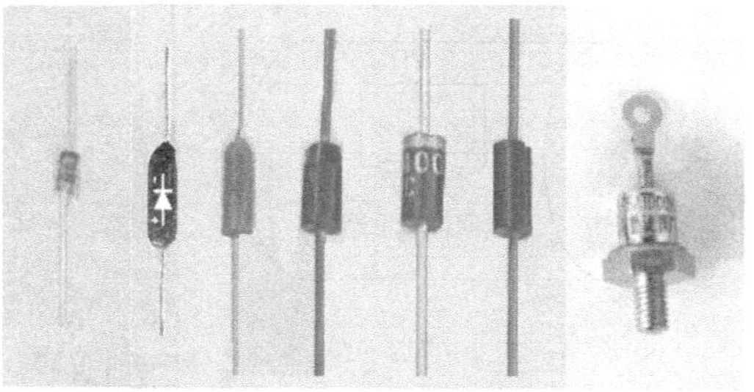

图 1-4　几种常见二极管的外形

（2）分类　按所用材料不同，二极管可分为硅二极管和锗二极管。按用途不同，二极管有普通二极管、整流二极管、稳压二极管、开关二极管、发光二极管、光敏二极管、变容二极管等。

（3）型号　按国家标准的规定，二极管的型号命名由五部分构成，其具体含义见表 1-1。

表 1-1　二极管型号的含义

第一部分(数字)		第二部分(拼音)		第三部分(拼音)		第四部分(数字)	第五部分(拼音)
电　极　数		材料和极性		类　　型		序号	规格号（表示反向峰值电压的档次）
符　号	意　义	符　号	意　义	符　号	意　义		
2	二极管	A	N 型锗材料	P	普通管		
		B	P 型锗材料	W	稳压管		
		C	N 型硅材料	Z	整流管		
		D	P 型硅材料	U	光敏管		
				K	开关管		
				C	参量管		
				L	整流堆		
				S	隧道管		

例如：2AP7 表示 N 型锗普通二极管；2DZ56C 表示 P 型硅整流二极管，规格号为 C。

2. 二极管的工作特性

加在二极管两端的电压与通过二极管电流之间的关系称为二极管的伏安特性，如图 1-5 所示。位于第一象限的曲线表示二极管的正向特性，位于第三象限的曲线表示二极管的反向特性。

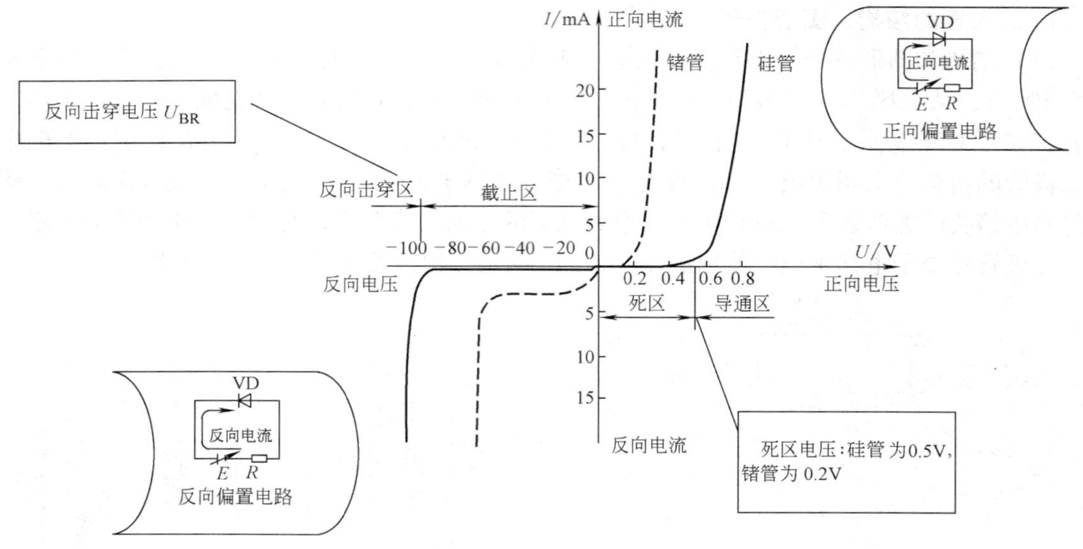

图 1-5　二极管的伏安特性

（1）正向特性　所谓正向特性是指二极管加正向电压（二极管正极接高电位，负极接低电位）时的特性。

当正向电压小于某一数值（该电压称为“死区电压”，硅管为 0.5V，锗管为 0.2V）时，通过二极管的电流很小，几乎为零。当正向电压超过死区电压时，电流随电压的升高而明显的增加，此时二极管进入导通状态。二极管导通后二极管两端的电压几乎不随电流的大小而变化，此时二极管两端的电压称为导通管压降，用 U_T 表示，硅管为 0.7V，锗管为 0.3V。

注意： 二极管加正向电压时并不一定能导通，必须是正向电压达到并超过死区电压时，二极管才能导通。

（2）反向特性　所谓反向特性是指二极管加反向电压（二极管正极接低电位，负极接高电位）时的特性。

当反向电压小于某值（此电压称为反向击穿电压 U_{BR}）时反向电流很小，并且几乎不随反向电压而变化，该反向电流叫“反向饱和电流”，简称“反向电流”，用 I_R 表示。通常硅管的反向电流在几十微安以下，锗管的反向电流可达几百微安。在应用时反向电流越小，二极管的质量越好。

当反向电压增加到反向击穿电压 U_{BR} 时，反向电流急剧增大，这种现象称为“反向击穿”。反向击穿破坏了二极管的单向导电性，如果没有限流措施，二极管可能因电流过大而损坏。

注意： 二极管加反向电压时不能导通，但反向电压达到反向击穿电压（很高的反向电压）时，二极管会反向击穿。

在使用二极管时，电路中应该串联适当的限流电阻，以免因电流过大而损坏二极管。

3. 二极管的主要参数

（1）最大整流电流 I_{FM}　二极管长期连续工作时，允许通过二极管的最大整流电流的平均值。正常工作时通过二极管的电流应该小于此值，否则，二极管可能会因过热而损坏。

（2）最大反向工作电压 U_{RM}　允许加在二极管两端反向电压的最大值（一般情况下 $U_{RM}=U_{BR}1/2$），正常工作时二极管两端所加反向电压的最大值应小于此值，否则，二极管将会反向击穿损坏。

技能训练 1　二极管的识别和检测

一、训练目的

1）了解二极管的符号和型号命名方法。

2）掌握二极管的工作特性。

3）掌握用万用表检测二极管质量好坏的方法。

二、训练器材

训练所需器材见表 1-2。

表 1-2　训练所需器材

序　号	名　称	规　格	数　量
1	万用表	MF47 型	1 只
2	普通二极管	2AP、2CP	25 只
3	整流二极管	2CZ	25 只
4	稳压二极管	2DW	25 只
5	开关二极管	2DK、2CK	25 只

三、训练内容及步骤

1）识别二极管外壳上符号的意义。

2）根据二极管的型号，识别其极性、材料、类型和用途。将二极管直观识别的结果填入表 1-3 中。

表 1-3　二极管识别记录

序　号	型　号	极　性	材　料	类　别	用　途

3）用万用表测试二极管。用万用表的电阻挡，通过测试二极管正、反向电阻，判断二极管的管脚极性及质量好坏。测量小功率二极管时一般用 $R\times1\text{k}$ 挡或 $R\times100$ 挡进行测试，不允许用 $R\times1$ 挡和 $R\times10\text{k}$ 挡进行测量，否则可能使被测二极管损坏。

思考：为什么不能用 $R\times1$ 挡和 $R\times10\text{k}$ 挡进行测量？

拨好挡后，将两表笔短接调零，调零方法如图 1-6 所示。

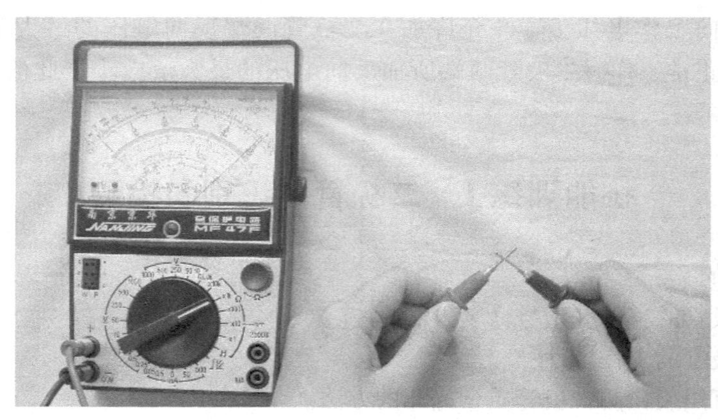

图 1-6　万用表的调零

注意：万用表的黑表笔接表内电池的正极，红表笔接表内电池的负极（不可与表面板上“+”、“-”接线端混淆）。

将黑、红两支表笔接在二极管的两端，再将黑、红两表笔对调，分别测试二极管的电阻，如图 1-7、图 1-8 所示。

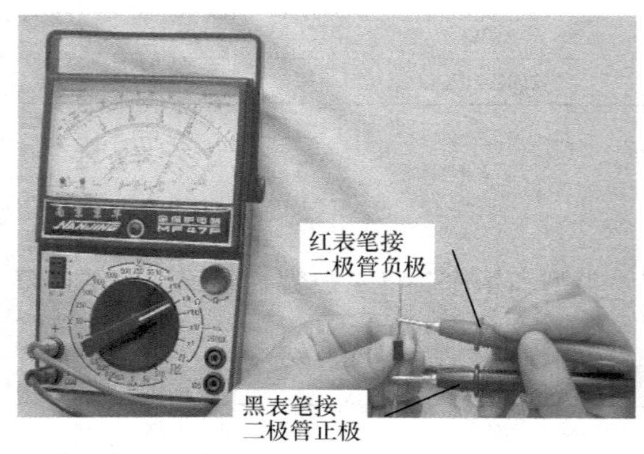

图 1-7　测量二极管的正向电阻

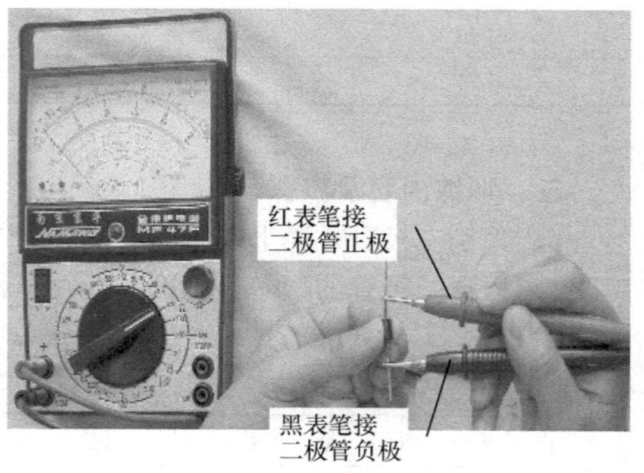

图 1-8　测量二极管的反向电阻

根据测量的结果可进行如下判断：

1）好坏的判断：

正、反向电阻 { 相差较大——二极管是好管；都很大——二极管内部开路；均为零——二极管内部已击穿；相差不大——二极管质量不好，不能使用 }

2）极性的判断：若测得的阻值为几百欧姆至几千欧姆，黑表笔接的是二极管的正极，红表笔接的是二极管的负极。

3）硅管、锗管的区分：测试二极管的正向电阻值，根据表头指针的偏转角度来进行判断。

若指针指示 { 刻度中间偏右一点——硅管；靠近 0 的位置——锗管 }

四、训练评分标准

二极管的识别和检测评分标准见表 1-4。

表 1-4　评 分 标 准

内　容	要　求	配　分	评分标准	得　分	扣　分
二极管的识别	正确识别极性、材料、类别	50 分	名称每漏写或者错写 1 处，扣 3 分 极性、材料、类别每错写 1 处，扣 3 分 不会识别，每件扣 10 分		
二极管的检测	正确使用万用表判别管脚极性、材料、类别及质量好坏	50 分	万用表使用不正确，每步扣 3 分 不会判别管脚极性，每件扣 5 分 不会判别质量好坏，每件扣 5 分		

第二节　晶　体　管

一、晶体管的结构、图形符号和型号

1. 结构和图形符号

晶体管外部有三个电极，内部有三层半导体，形成两个 PN 结。对应的三层半导体分别为发射区、基区和集电区，从三个区引出的三个电极分别为：发射极、基极和集电极，分别用符号 E、B、C 表示。发射区与基区之间的 PN 结称为发射结，集电区与基区之间的 PN 结称为集电结。按照两个 PN 结的组合方式不同，晶体管分为 NPN 型和 PNP 型两大类，其结构和图形符号如图 1-9 所示。晶体管的文字符号用 VT 表示。图中，箭头方向表示发射结正向偏置时发射极电流的方向，箭头朝外的是 NPN 型管，箭头朝里的是 PNP 型管。

注意：虽然发射区和集电区半导体类型一样，但是发射区微量元素的掺杂浓度比集电区高；在几何尺寸上，集电区面积比发射区大，所以，它们并不对称，发射极和集电极不能互换使用。

图 1-10 所示为常见国产晶体管的外形。

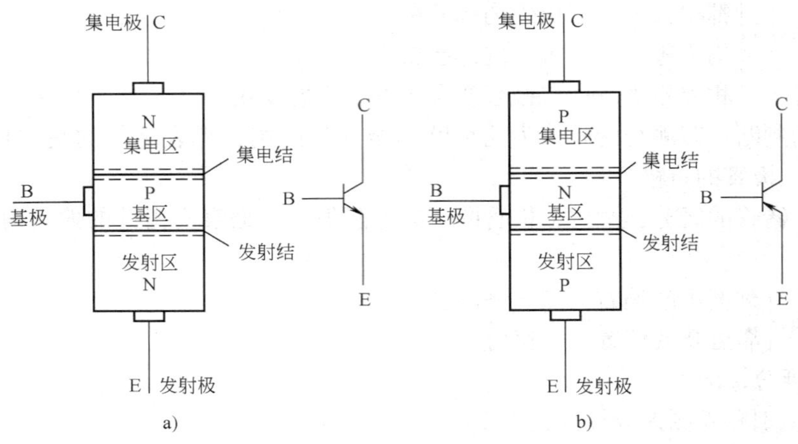

图 1-9 晶体管的结构和图形符号
a）NPN 型 b）PNP 型

图 1-10 常见晶体管的外形

2. 类型

晶体管种类很多，按不同的分类方法可分为多种。按内部结构不同，分为 NPN 型和 PNP 型；按所用半导体材料不同，分为硅管和锗管；按工作频率不同，分为高频管和低频管；按功率不同，分为大功率管和小功率管；按用途不同，分为放大管和开关管。

注意：目前我国生产的 NPN 型晶体管多采用硅材料，而 PNP 型晶体管多采用锗材料。

3. 型号

按国家相关标准规定，晶体管的型号也由五部分构成。其含义见表 1-5。

例如：3DG130C 表 NPN 型硅高频小功率晶体管，规格号为 C；3AX52B 表示 PNP 型锗低频小功率晶体管，规格号为 B。

表 1-5　晶体管型号的含义

第一部分(数字)		第二部分(拼音)		第三部分(拼音)		第四部分(数字)	第五部分(拼音)
电　极　数		材料和极性		类　　型		序　　号	规格号
符　号	意　义	符　号	意　义	符　号	意　义		
3	晶体管	A	PNP 型锗材料	X	低频小功率管		
		B	NPN 型锗材料	G	高频小功率管		
		C	PNP 型硅材料	D	低频大功率管		
		D	NPN 型硅材料	A	高频大功率管		
				K	开关管		

二、晶体管的电流放大作用

1. 晶体管的工作电压

晶体管要实现放大作用，必须满足一定的外部条件，即发射结加正向电压，集电结加反向电压。由于 NPN 型和 PNP 型晶体管极性不同，所以外加电压的极性也不同，如图 1-11 所示。

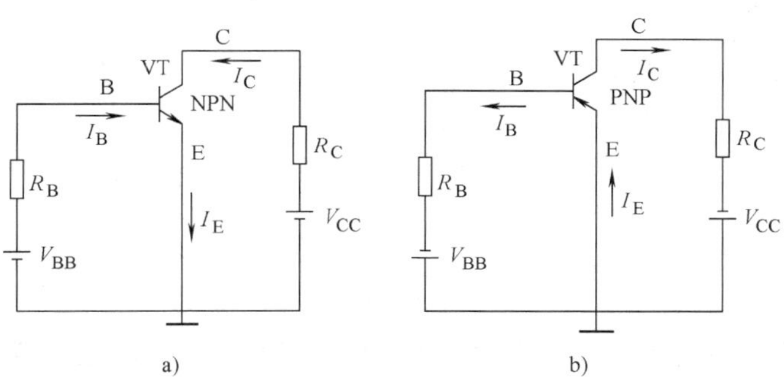

图 1-11　晶体管的工作电压

a）NPN 型　b）PNP 型

对于 NPN 型晶体管，C、B、E 三个电极的电位必须符合：$U_C > U_B > U_E$；对于 PNP 型晶体管，电源的极性与 NPN 型相反，C、B、E 三个电极的电位应符合：$U_C < U_B < U_E$。

2. 晶体管的电流放大作用

晶体管的电流放大作用可用公式表示为

$$I_C = \bar{\beta} I_B \tag{1-1}$$

集电极电流比基极电流大 $\bar{\beta}$ 倍，$\bar{\beta}$ 一般大于几十。只要用很小的基极电流，就可以引起较大的集电极电流，即

$$\Delta I_C = \beta \Delta I_B \tag{1-2}$$

式（1-2）说明，晶体管集电极电流的变化量 ΔI_C 比基极电流变化量 ΔI_B 大 β 倍，β 一般大于几十。只要基极电流有较小的变化，就可以引起集电极电流较大的变化。

一般情况下，同一只晶体管的 $\bar{\beta}$ 比 β 略小，实际应用时并不严格区分。

3. 晶体管三个电极的电流分配关系

晶体管三个电极的电流关系为

$$I_E = I_B + I_C \tag{1-3}$$

式（1-3）中，I_E 最大，I_C 其次，I_B 最小，所以集电极电流与发射极电流近似相等，即

$$I_C \approx I_E \tag{1-4}$$

三、晶体管的工作特性

晶体管的工作特性可用特性曲线来反映，包括输入特性和输出特性曲线，可以用 JT—1 型晶体管特性图示仪直接观察，也可以通过实验来测试，实验电路如图 1-12 所示。

1. 输入特性

输入特性是指在 U_{CE} 一定的条件下，加在晶体管基极与发射极之间的电压 U_{BE} 和基极电流 I_B 之间的关系的曲线，如图 1-13 所示。

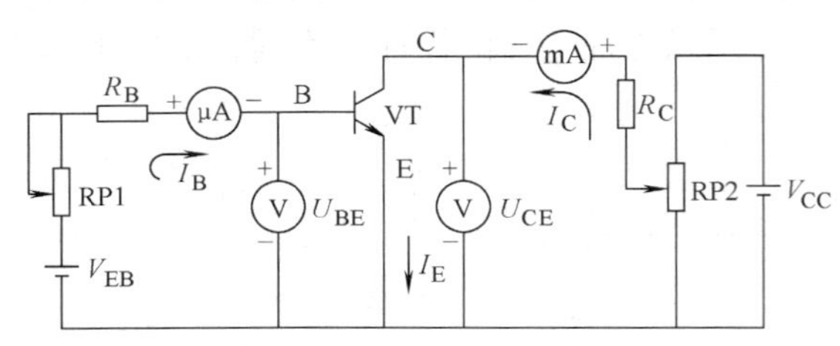

图 1-12　晶体管特性测试电路

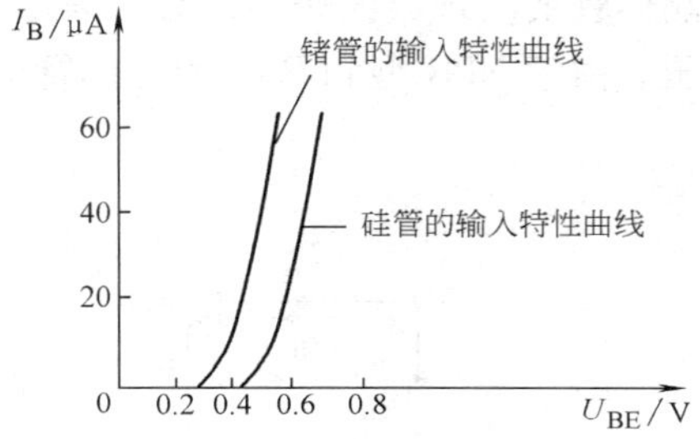

图 1-13　晶体管输入特性

由输入特性曲线可以看出，晶体管的输入特性曲线与二极管的正向特性曲线相似，只有当发射结的正向电压 U_{BE} 大于死区电压（硅管 0.5V，锗管 0.2V）时才产生基极电流 I_B，这时晶体管处于放大状态。

注意： 晶体管处于放大状态时，发射结两端电压 U_{BE} 是常数，硅管为 0.7V，锗管为 0.3V。

2. 输出特性

输出特性是指在 I_B 一定的条件下，晶体管集电极与发射极之间的电压 U_{CE} 与集电极电流 I_C 之间的关系曲线，如图 1-14 所示。

由图 1-14 可知，每条特性曲线可分为线性上升、弯曲、平坦三部分。对应不同 I_B 值可得不同的特性曲线，从而形成曲线簇。各条曲线的上升部分很陡，几乎重合，平坦部分则按 I_B 值从下往上排列，I_B 的取值间隔均匀，相应的特性曲线在平坦部分也比较均匀，且与横轴平行。

因此，可以将晶体管的输出特性曲线分为三个区域，不同的区域对应着晶体管的三种不同工作状态，见表 1-6。

注意： 晶体管饱和时的 U_{CE} 值称为饱和管压降，记作 U_{CES}，小功率硅管的 U_{CES} 约为 0.3V，锗管的 U_{CES} 约为 0.1V。

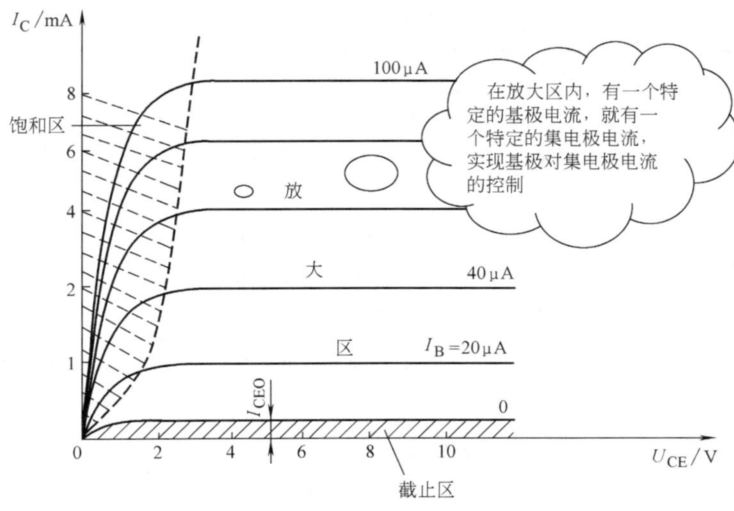

图 1-14　晶体管的输出特性曲线

表 1-6　晶体管输出特性曲线的三个工作区域

名称	截　止　区	放　大　区	饱　和　区
范围	$I_B=0$ 曲线以下区域，几乎与横轴重合	平坦部分线性区，几乎与横轴平行	曲线上升和弯曲部分
条件	发射结反偏（或零偏），集电结反偏	发射结正偏，集电结反偏	发射结正偏，集电结正偏（或零偏）
特征	$I_B=0, I_C=I_{CEO}\approx 0$	①当 I_B 一定时，I_C 的大小与 U_{CE} 基本无关，具有恒流特性 ②I_B 不同，曲线也不同，I_C 受 I_B 控制，具有电流放大作用，$\Delta I_C=\beta\Delta I_B$	U_{CE}很小，各电极电流都很大，I_C 不受 I_B 控制
工作状态	截止状态（C 和 E 极间相当于开关断开）	放大状态	饱和状态（C 和 E 极间相当于开关接通）

综上所述，对于 NPN 型晶体管：工作于放大区时，$U_C>U_B>U_E$；工作于截止区时，$U_B\leqslant U_E$；工作于饱和区时，$U_C\leqslant U_B$。PNP 型晶体管与之相反。

注意：晶体管有三种工作状态，不同的电子电路中晶体管的工作状态不同。在模拟电子电路中晶体管大多工作在放大状态，作为放大管使用；在数字电子电路中晶体管工作在饱和及截止状态，作为开关管使用。

四、晶体管的主要参数

晶体管的特性除了用特性曲线来描述外，还可以用有关参数来表示。这些参数反映了晶体管的性能和安全运用范围，是正确使用和合理选择管子的依据。晶体管的参数较多，这里只介绍几个主要的参数，见表 1-7。

表 1-7 晶体管的主要参数

类型	参数	符号	说明	选用
电流放大系数	共射极直流电流放大系数	$\bar{\beta}$	晶体管集电极电流与基极电流的比值，即 $\bar{\beta}=I_C/I_B$，反映晶体管的直流放大能力	同一只晶体管，在相同的工作条件下 $\bar{\beta}\approx\beta$，应用中不再区分。选管子时，β 值应恰当，β 太小，放大作用差；β 太大，性能不稳定，通常选用 30～100 之间的管子
	共射极交流电流放大系数	β	晶体管集电极电流的变化量与基极电流的变化量之比，即 $\beta=\Delta I_C/\Delta I_B$，反映晶体管的交流电流放大能力	
极间反向电流	集电极-基极间的反向饱和电流	I_{CBO}	发射极开路时，C 和 B 极间的反向饱和电流	I_{CBO} 越小，集电结的单向导电性越好
	集电极-发射极间反向饱和电流	I_{CEO}	B 极开路时（$I_B=0$），C 和 E 极间的反向饱和电流。好像是从 C 极直接穿透晶体管到达 E 极的电流，故又叫“穿透电流”	$I_{CEO}=(1+\beta)I_{CBO}$，反映了晶体管的稳定性。选管子时，I_{CEO} 越小，管子受温度影响越小，工作越稳定
极限参数	集电极最大允许电流	I_{CM}	集电极电流过大时，晶体管的 β 值要降低，一般规定 β 值下降到正常值的 2/3 时的集电极电流	使用时一般 $I_C<I_{CM}$，否则管子易烧毁。选管时，$I_{CM}\geqslant I_C$
	集电极-发射极间的反向击穿电压	$U_{(BR)CEO}$	基极开路时，加在 C 与 E 极间的最大允许电压	使用时，一般 $U_{CE}<U_{(BR)CEO}$，否则易造成管子击穿。选管时，$U_{(BR)CEO}\geqslant U_{CE}$
	集电极最大允许耗散功率	P_{CM}	集电极消耗功率的最大限额 P_{CM} 的大小与环境温度有密切关系，温度升高，P_{CM} 减小。对于大功率管，常在管子上加散热器或散热片，降低管子的环境温度，从而提高 P_{CM}	工作时，$I_CU_{CE}<P_{CM}$，否则管子会因过热而损坏。选管时，$P_{CM}\geqslant I_CU_{CE}$

例如低频小功率晶体管 3CX200B，其 β 在 55～400 之间，$I_{CM}=300\text{mA}$，$U_{(BR)CEO}=18\text{V}$，$P_{CM}=300\text{mW}$。

技能训练 2 晶体管的识别和检测

一、训练目的

1）掌握晶体管的符号和工作特性。

2）了解晶体管的型号命名方法。

3）熟悉用万用表对晶体管进行测试的方法。

二、训练器材

训练所需器材见表 1-8。

表 1-8　训练所需器材

序　号	名　称	规　格	数　量
1	万用表	MF47 型	1 个
2	高频小功率晶体管	3DG6～12、3AG、3CG	25 个
3	低频小功率晶体管	3AX、3BX、3DX	25 个
4	低频大功率晶体管	3DD	25 个
5	高频大功率晶体管	3DA	25 个

三、训练内容及步骤

1）识别晶体管外壳上符号的意义。

2）根据晶体管的型号，识别其极性、材料、类型和用途，将晶体管直观识别的结果填入表 1-9 中。

表 1-9　晶体管识别记录

序　号	型　号	极　性	材　料	类　别	用　途

3）用万用表测试晶体管。用万用表的电阻挡，判别晶体管的极性、材料和管型，估测晶体管的 I_{CEO}、β。将万用表置于 $R\times1$k 挡或 $R\times100$ 挡进行测试。

①管型和管脚极性的判别：

a. 假设三个管脚中的某一个管脚为 B 极，然后判断 B 极，如图 1-15 所示。

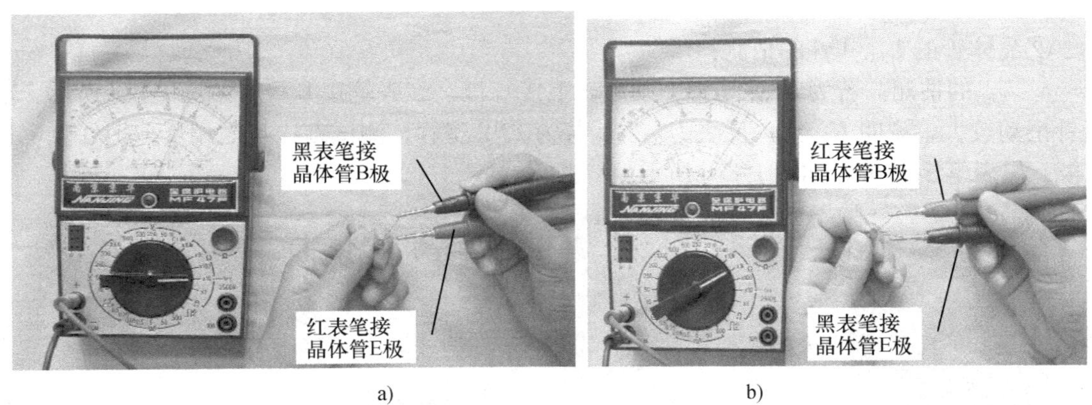

a)　　b)

图 1-15　用万用表测试确定晶体管的基极和管型

a）NPN 型晶体管　b）PNP 型晶体管

把一表笔接在假设的 B 极上，另一表笔分别接另外两个管脚，若测得的阻值都很大或都很小，调换表笔重新测试。若原来测得的阻值都很大，调换表笔后测得的阻值都很小；或原来测得的阻值都很小，调换表笔后测得的阻值都很大，说明假设的 B 极是正确的。若测得阻值一大一小，说明假设错误，需重新假设重新测试。

b. 判断管型。以测试阻值都很小一次为准，若黑表笔接的是 B 极，则该管是 NPN 型管，否则，该管为 PNP 型管。

c. 晶体管集电极和发射极的判断，如图 1-16 所示。

假设剩余的两个管脚其中之一为集电极，用手把 B 极与假设的集电极一起捏住（注意两管脚不能接触，即把人体电阻并接在 B 极和 C 极间）。若为 NPN 型管，把黑表笔接假设的 C 极，红表笔接 E 极，若指针摆动较大，说明假设是正确的，反之是错误的；若为 PNP 型管，把红表笔接假设的 C 极，黑表笔接假设的 E 极，若指针摆动较大，说明假设正确，否则不正确。

集电极判断后，剩余的管脚是发射极。

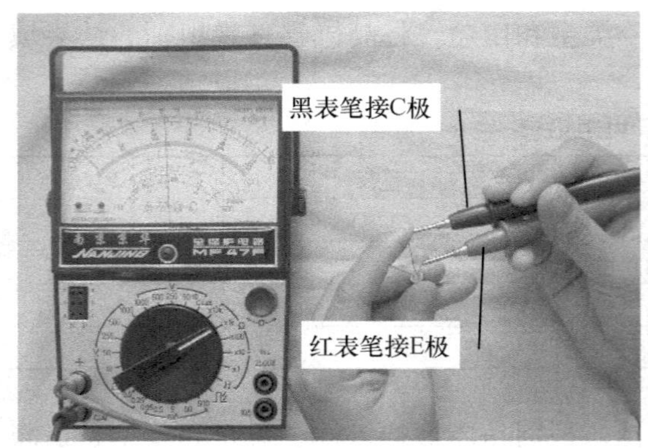

a)

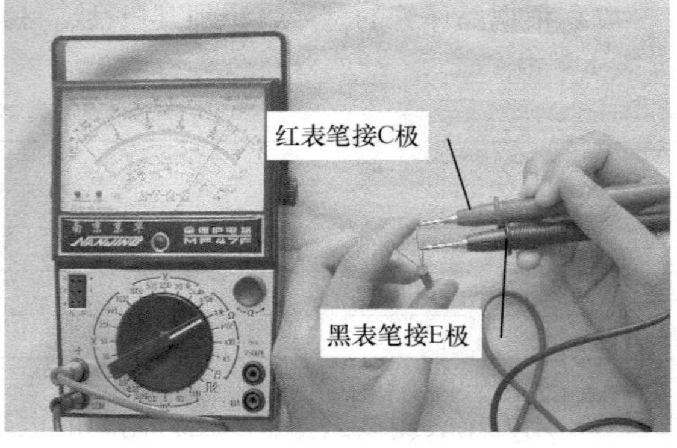

b)

图 1-16 用万用表测试确定晶体管的集电极和发射极

a）NPN 型晶体管 b）PNP 型晶体管

②晶体管的 I_{CEO} 和 β 的估测：

a. I_{CEO} 的估测。若为 NPN 型管，则黑表笔接 C 极，红表笔接 E 极，如图 1-17a 所示，若指针摆动较大，说明 I_{CEO} 大，反之 I_{CEO} 小；若为 PNP 型管，测试方法与之相反，把红表笔接 C 极，黑表笔接 E 极，如图 1-17b 所示。

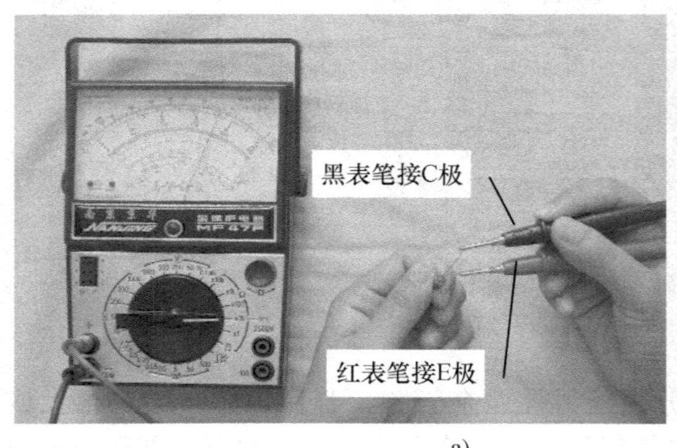

a)

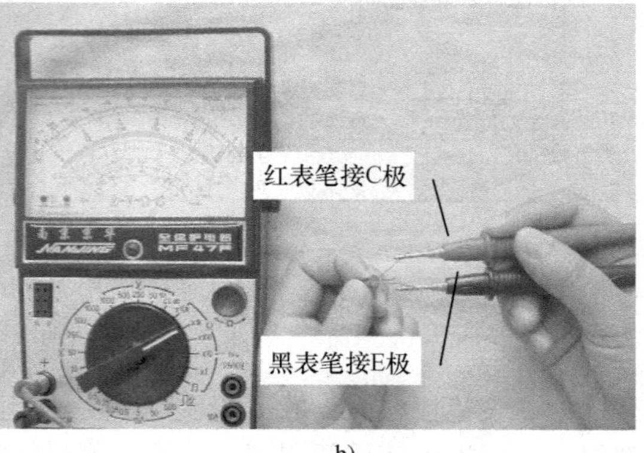

b)

图 1-17 用万用表估测晶体管 I_{CEO}

a）NPN 型晶体管 b）PNP 型晶体管

b. β 值的估测。先按估测 I_{CEO} 的方法测试，记下万用表指针的位置；然后在 C 极与 B 极间连接一只 100kΩ 的电阻（也可用人体电阻代替）按判断集电极的方法进行测试。若指针摆幅较大，说明这只管子的 β 较大，如果接入 100kΩ 的电阻后，指针变化不大，说明管子的放大能力很差，β 较小。

四、训练评分标准

晶体管的识别和检测评分标准见表 1-10。

表 1-10 评 分 标 准

内　容	要　求	配　分	评 分 标 准	扣　分	得　分
晶体管的识别	正确识别极性、材料和管型	50 分	名称每漏写或者错写 1 处，扣 3 分 极性、材料和管型每错写 1 处，扣 3 分 不会识别，每件扣 10 分		
晶体管的检测	正确使用万用表判别管脚极性、材料和管型；估测 β 和 I_{CEO}	50 分	万用表使用不正确，每步扣 3 分 不会判别管脚极性和管型，每件扣 5 分 不会估测 β 和 I_{CEO}，每件扣 5 分		

技能训练 3　晶体管的特性测试

一、训练目的

1）熟悉 JT—1 型晶体管特性图示仪的使用方法。

2）掌握晶体管输入、输出特性及集电极反向击穿电压 $U_{(BR)CEO}$ 的测试。

二、训练器材

本训练所需器材包括 JT—1 型晶体管特性图示仪、3DG6 晶体管。

三、训练内容及步骤

1）熟悉 JT—1 型晶体管特性图示仪面板、各旋钮的功能，如图 1-18 所示。

①接通电源、预热 5min，调节辉度、聚焦旋钮，使扫描亮度适中、线条清晰。

②将集电极扫描信号“峰值电压范围”置 0 ~ 20V 位置，“峰值电压”旋钮置起始位置 0。

2）输入特性曲线的测试。

①由于 3DG6 为 NPN 型管，将集电极扫描信号“极性”和基极阶梯信号“极性”置“+”，功耗电阻置 1kΩ。

②由于测试内容为 I_B-U_{BE} 关系曲线，将“Y 轴作用”置于“基极电流或基极源电压”位置，“X 轴作用”置于“基极电压”位置，取 0. 1V/div。

③“基极阶梯作用”置“重复”，“级/秒”置中间位置 200 级/秒，零电压—零电流开关置中间位置，“阶梯选择”置 0. 01mA/级。

④将 3DG6 管正确插入测试台左侧位置，测试选择开关置左测位置。

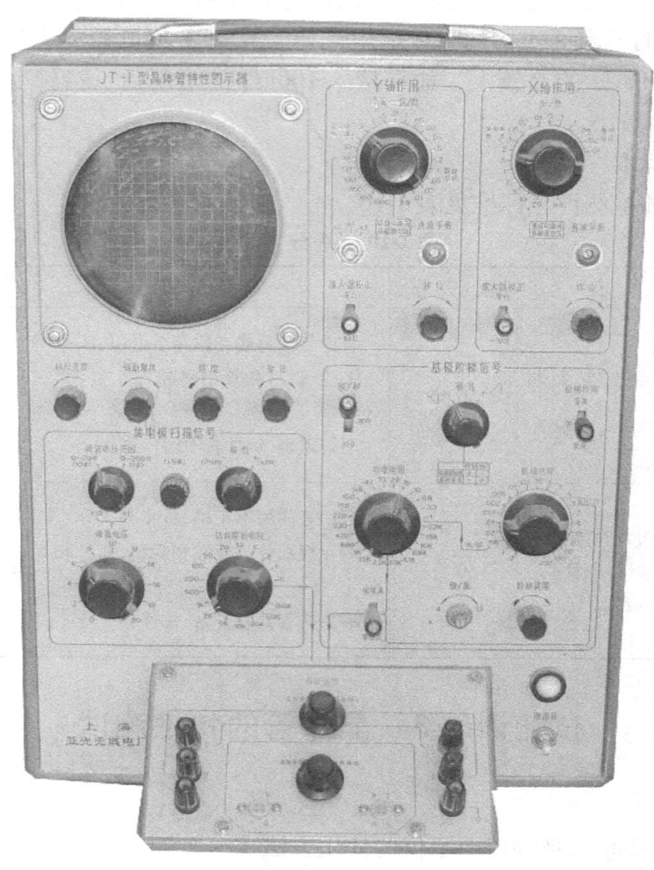

图 1-18　JT—1 型晶体管特性图示仪

⑤调节“峰值电压”旋钮，从零开始逐渐增大到 5V，即可得到如图 1-19b 所示的输入特性曲线。

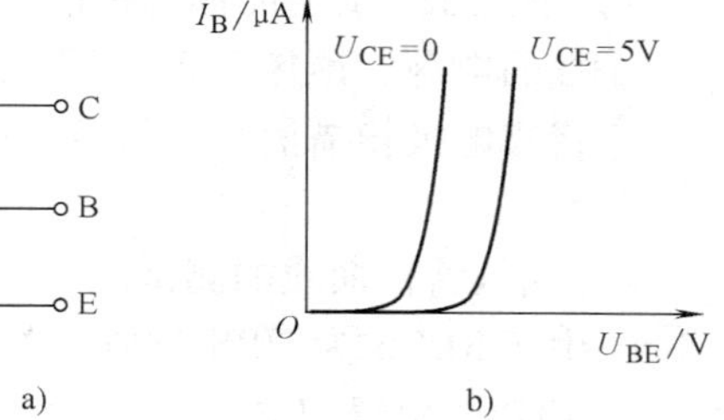

图 1-19　3DG6 输入特性
a）图形符号　b）特性曲线

3）输出特性曲线的测试。

①将“Y 轴作用”置于“集电极电流”位置，取 1mA/div，“X 轴作用”置于“集电极电压”位置，取 1V/div。“阶梯选择”置 0.01mA/级，“级/簇旋”钮置中间位置，其余旋钮位置同上。

②调节“峰值电压”旋钮，从 0 开始逐渐增大到 10V 左右，即可得到图 1-20a 所示的输出特性曲线。

③若将“X 轴作用”置于“基极电流或基极源电压”，其余旋钮位置同上，则可得到图 1-20b 所示的 I_C-I_B 关系曲线，由此曲线可以很方便地求出该管的电流放大系数。

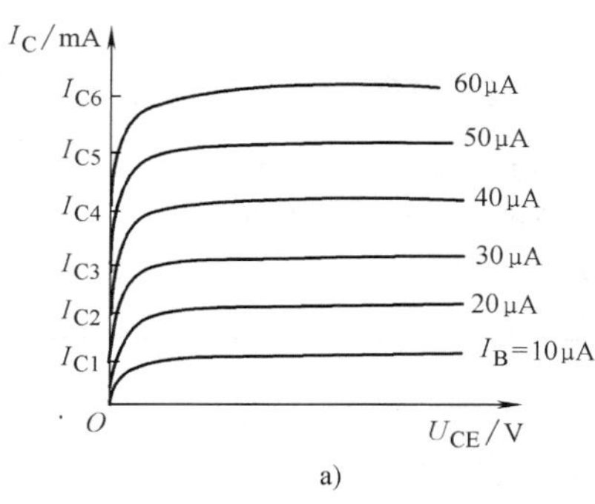

a)

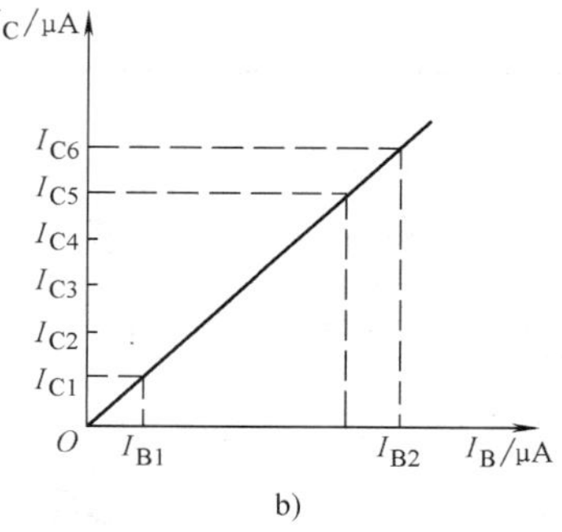

b)

图 1-20　3DG6 输出特性

a）输出特性　b）I_C-I_B 的关系曲线

4）集电极反向击穿电压 $U_{(BR)CEO}$ 的测试。

①将被测管的基极与测试台断开，如图 1-21a 所示。“X 轴作用”置于“集电极电压”位置，且取 5V/div，其余旋钮位置同上。

②将“集电极扫描电压”置 0～200V 范围。调节“峰值电压”旋钮，从零开始逐渐增大，即可得到图 1-21b 所示的曲线，根据曲线可确定 $U_{(BR)CEO}$ 的值。

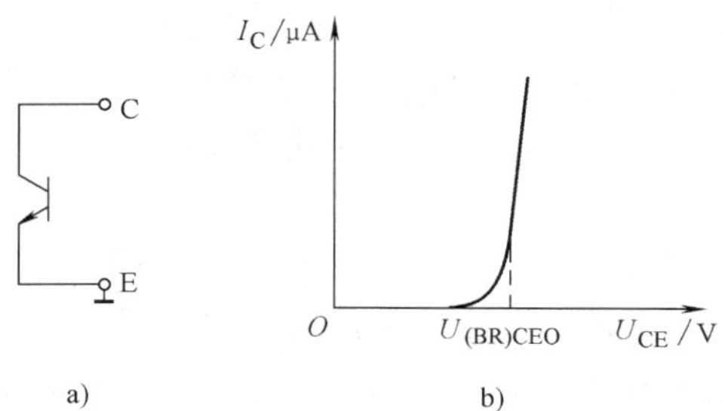

a)　b)

图 1-21　$U_{(BR)CEO}$ 的测试

a）基极断开　b）特性曲线

四、训练评分标准

晶体管的特性测试评分标准见表 1-11。

表 1-11　评 分 标 准

内　容	要　求	配　分	评 分 标 准	扣　分	得　分
I_B-U_{BE} 关系曲线的测试	方法正确 操作规范 结果正确	30 分	测量步骤不正确，每错一步扣 10 分 测量结果不正确，每错 1 处，扣 10 分 不会测量，扣 30 分		
I_C-U_{CE} 关系曲线的测试	同上	30 分	测量步骤不正确，每错一步扣 10 分 测量结果不正确，每错 1 处，扣 10 分 不会测量，扣 30 分		

（续）

内　容	要　求	配　分	评分标准	扣　分	得　分
$U_{(BR)CEO}$的测试	方法正确 操作规范 结果正确	30分	测量步骤不正确，每错一步扣15分 测量结果不正确，每错1处，扣15分 不会测量，扣30分		
安全生产	安全文明操作	10分	违反者扣10分		

本章小结

1）物质按导电能力强弱不同可分为导体、绝缘体和半导体三类，半导体的导电能力介于导体和绝缘体之间。主要的半导体材料是硅和锗。

2）半导体的特性主要有光敏特性、热敏特性和掺杂特性。

3）掺杂半导体有P型半导体和N型半导体两种。把一块P型半导体和一块N型半导体按特殊的加工工艺结合在一起，在其交界处就会形成一个特殊薄层，这个薄层称为PN结。PN结具有单向导电性，即加正向电压导通，加反向电压截止。

4）二极管由一个PN结构成，二极管也具有单向导电性。二极管加上正向电压且大于死区电压，二极管导通；二极管加反向电压且小于反向击穿电压时，二极管截止。若反向电压过高，PN结会击穿，若不加限流措施，二极管会损坏。

5）二极管的特性可用伏安特性曲线来描述，二极管的伏安特性曲线分为正向和反向特性。

6）二极管的主要参数有最大整流电流I_{FM}和最高反向工作电压U_{RM}，是使用和选择管子的依据。

7）晶体管是一种电流控制器件，它有两个PN结，即发射结和集电结。晶体管在发射结正偏、集电结反偏的条件下，具有电流放大作用；在发射结和集电结均反偏时，处于截止状态，相当于开关断开；在发射结和集电结均为正偏时，处于饱和状态，相当于开关闭合。晶体管的放大功能和开关功能在实际电路中都有广泛的应用。

8）晶体管的特性曲线反映了晶体管各极之间电压与电流关系。晶体管的输出特性曲线可以分为三个区域，即放大区、截止区和饱和区。

9）晶体管的电流放大系数β为$\beta=\Delta I_C/\Delta I_B$

晶体管三电极电流之间的关系$I_E=I_C+I_B\approx I_C$

晶体管工作在放大状态时有$I_C\approx\beta I_B$

10）晶体管的参数β表示电流放大能力，I_{CBO}、I_{CEO}表明晶体管的温度稳定性，I_{CM}、P_{CM}、$U_{(BR)CEO}$规定了晶体管的安全工作范围。

复习思考题

1. 在图1-22所示电路中，设二极管是理想二极管，判断各二极管是导通还是截止？并求$U_{AO}=$？

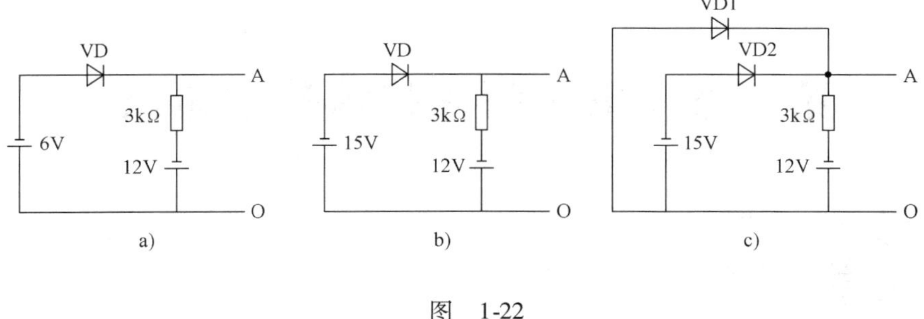

图 1-22

2. 测得工作在放大状态的某晶体管，其电流如图 1-23 所示，在图中标出各管的管脚极性，并说明晶体管是 NPN 型还是 PNP 型？

3. 根据图 1-24 所示各晶体管对地电位数据分析各管的情况（说明是放大、截止、饱和或者哪个结已经开路或者短路）。

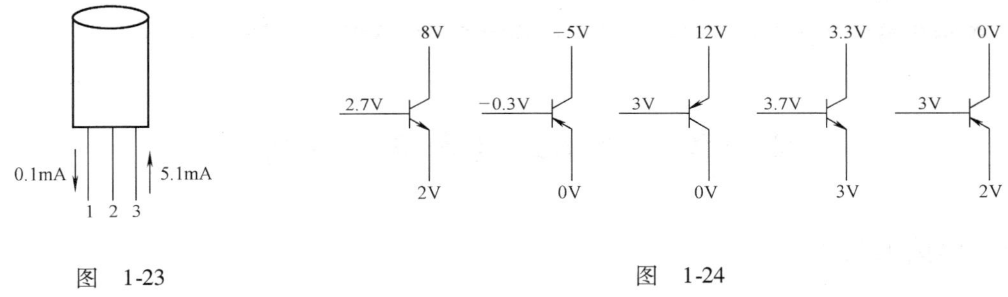

图 1-23

图 1-24

第二章　电子制作技术基本知识

学习目标

在电子制作中，元器件的连接处需要进行焊接处理。焊接的质量对制作的质量影响极大。所以，学习电子制作技术，必须掌握焊接技术，练好焊接基本功。

本章的学习目标：

1. 了解焊接的基本知识。
2. 掌握电烙铁的基本使用方法和电子元器件的引线成形和插装方法。

第一节　焊接工具与焊接材料

一、焊接工具

1. 电烙铁

电烙铁是最常用的焊接工具。电烙铁分为外热式和内热式两种，一般外热式的功率都比较大。电烙铁的种类很多，图 2-1a 所示为常见的内热式电烙铁，图 2-1b 是电烙铁的组成结构，它主要由烙铁头、金属套管、发热芯子和手柄套筒等组成。

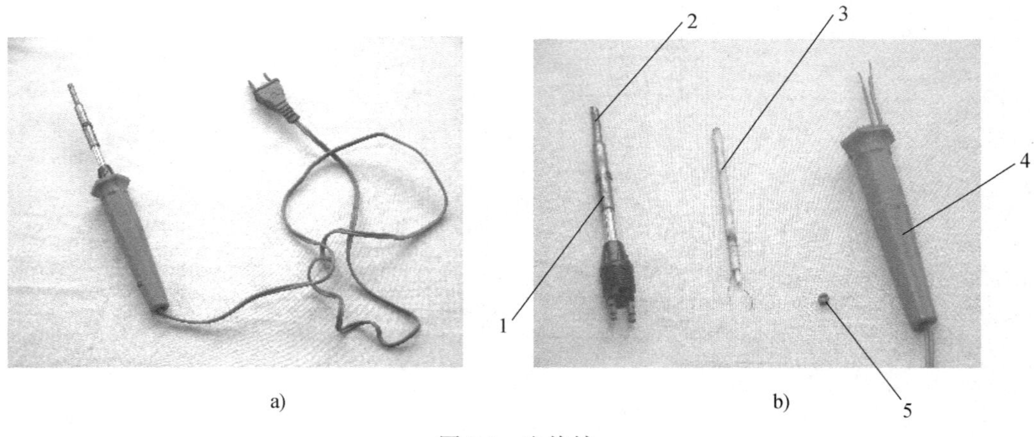

图 2-1　电烙铁

a）常见的内热式电烙铁　b）电烙铁的基本结构

1—金属套管　2—烙铁头　3—发热芯子　4—手柄套筒　5—安装螺钉

内热式的电烙铁体积较小，发热效率较高，而且更换烙铁头也较方便，价格又便宜。一般电子制作都用20～30W的内热式电烙铁。

2. 辅助工具

为了方便焊接操作，常采用尖嘴钳、斜口钳、小刀和镊子等辅助工具，如图2-2所示。

（1）尖嘴钳　主要适用于夹小型金属零件或弯曲元器件引线，不宜用于敲打物体或夹持螺母。

（2）斜口钳　又称为偏口钳、剪线钳。主要用于剪切导线，剪掉元器件多余的引线，也可与尖嘴钳配合使用，剥除导线的绝缘皮。不要用斜口钳剪切螺钉、较粗的钢丝，以免损坏钳口。

（3）小刀　刮去金属引线表面或电子元器件金属引脚上的氧化层，使引脚露出金属光泽。电子元器件的金属引脚常有一层氧化物，氧化物导电性很差，对焊锡的吸附力不强，因此焊接前要把焊接处的金属表面用小刀刮去氧化层，使元器件引脚易于焊接，且焊接之后不会虚焊。

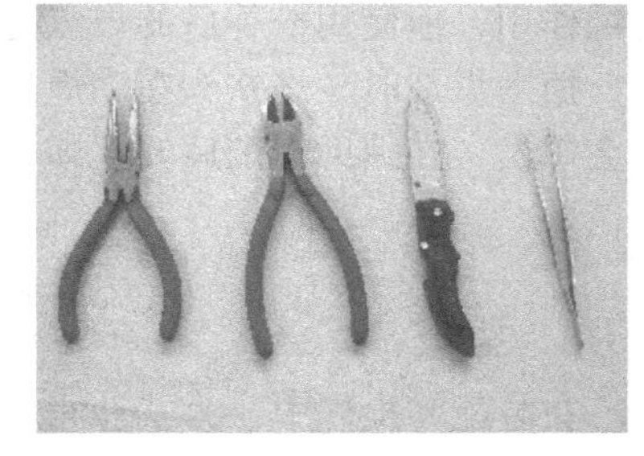

a)　b)　c)　d)

图2-2　辅助工具

a）尖嘴钳　b）斜口钳　c）小刀　d）镊子

（4）镊子　分为尖嘴镊子和圆嘴镊子两种。镊子是配合焊接不可缺少的辅助工具，它可以用来拉引线、送管脚，方便焊接。主要用途是夹取微小器件，在焊接时夹持被焊件以防止其移动，另外镊子还有散热功能，可以减少元器件烫坏的可能。当用镊子夹住元器件引脚后，烙铁焊接时的热量将通过金属的镊子进行散热，从而可防止元器件承受更多的热量。要求镊子的钳口要平整，弹性适中。

二、焊接材料

焊接常用材料为焊锡和助焊剂松香，如图2-3所示。

1. 焊锡

焊接电子元器件时，一般采用有松香芯的焊锡丝。因为这种焊锡丝的熔点较低，而且内含松香助焊剂，使用起来极为方便。

焊锡丝最好使用低熔点和细的焊锡丝，因为细焊锡丝管内的助焊剂量正好与焊锡用量一致，而粗焊锡丝焊锡的量偏多。

焊接过程中如果发现焊点成为“豆腐渣”状态时，很可能是焊锡质量存在问题，或者是使用了高熔点的焊锡丝，或者是电烙铁的温度不够，这种焊点是不合格的。

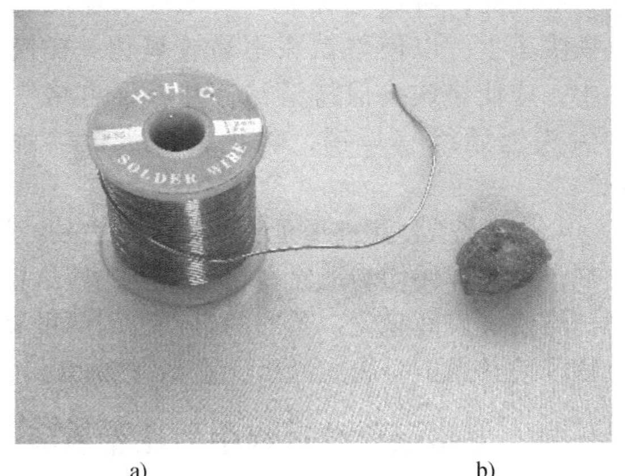

a)　b)

图　2-3

a）焊锡　b）助焊剂

2. 助焊剂

助焊剂用来帮助焊接，可以提高焊接的质量和速度，是焊接中必不可少的辅助性材料。焊锡丝的管芯中有助焊剂，当用烙铁去熔解锡丝时，管芯内的助焊剂便与熔解的焊锡熔合在一起。

常用的助焊剂是松香或松香水（将松香溶于酒精中）。使用助焊剂，可以帮助清除金属表面的氧化物，利于焊接，又可保护烙铁头。焊接较大元件或导线时，也可采用焊锡膏。但它有一定腐蚀性，焊接后应及时清除残留物。平时常用松香作为助焊剂，松香对电路板没有腐蚀作用，但使用松香后的焊点有斑点，不美观，可以用酒精棉球擦净。

搪助焊剂时，烙铁头在助焊剂上碰一下即可。使用助焊剂时应注意，由于助焊剂在烙铁上会挥发，在搪助焊剂后要立即去焊接，否则起不到助焊作用。

第二节　电烙铁的使用

在装配和检修中，为了获得高质量的焊点，除需要掌握焊接技能、选用合适的助焊剂外，还要根据焊接对象、环境温度，合理选用电烙铁。

一、新电烙铁使用前的处理

1）新买来的电烙铁要进行安全检查。具体方法是：用万用表 $R\times10\text{k}$ 挡分别测量插头两根引线与电烙铁头（外壳）之间的绝缘电阻，应该均为开路，如果测量有电阻值，那么说明这支电烙铁存在漏电故障。图 2-4 所示为测量绝缘电阻示意图。

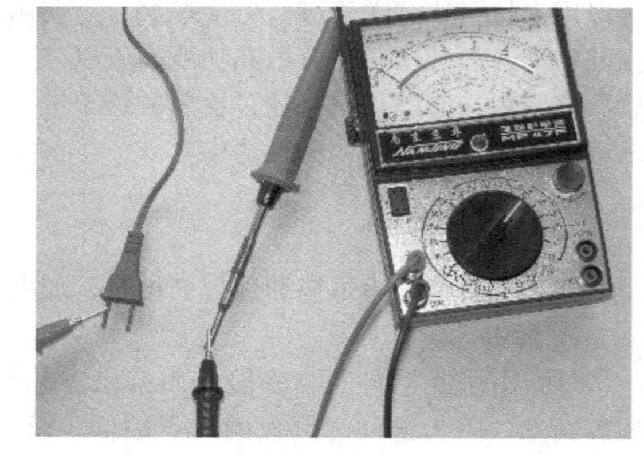

图 2-4　测绝缘电阻

2）电烙铁的电源引线一般是胶质线，当烙铁头碰到引线时就会烫坏引线，为保证使用人员的人身安全，应换成防火、防烫的花线。

3）新电烙铁在使用前可用细砂纸将烙铁头打磨光亮，可通电烧热，并把焊锡丝放到烙铁尖头上，以使烙铁头不易被氧化。在使用中，应使烙铁头保持清洁，并保证电烙铁的尖头上始终有焊锡，防止烙铁头被“烧死”。

4）电烙铁使用前要上锡。具体方法是：将电烙铁烧热，待刚刚能熔化焊锡时，涂上助焊剂，再用焊锡均匀地涂在烙铁头上，使烙铁头均匀地吃上一层锡，这样，可以便于焊接和防止烙铁头表面氧化。若旧的烙铁头因严重氧化而发黑，可以用小刀轻轻刮去烙铁头上的氧化物，使其露出金属光泽后，重新镀锡，才能使用。图 2-5 所示为电烙铁的准备工作。

二、电烙铁焊接过程中的注意事项

1）使用前，应认真检查电源插头、电源线有无损坏，并检查烙铁头是否松动。

2）焊接过程中，电烙铁不能随意摆放。不用时，应放在烙铁架上。注意电源线不可搭在烙铁头上，以防烫坏绝缘层而发生事故。

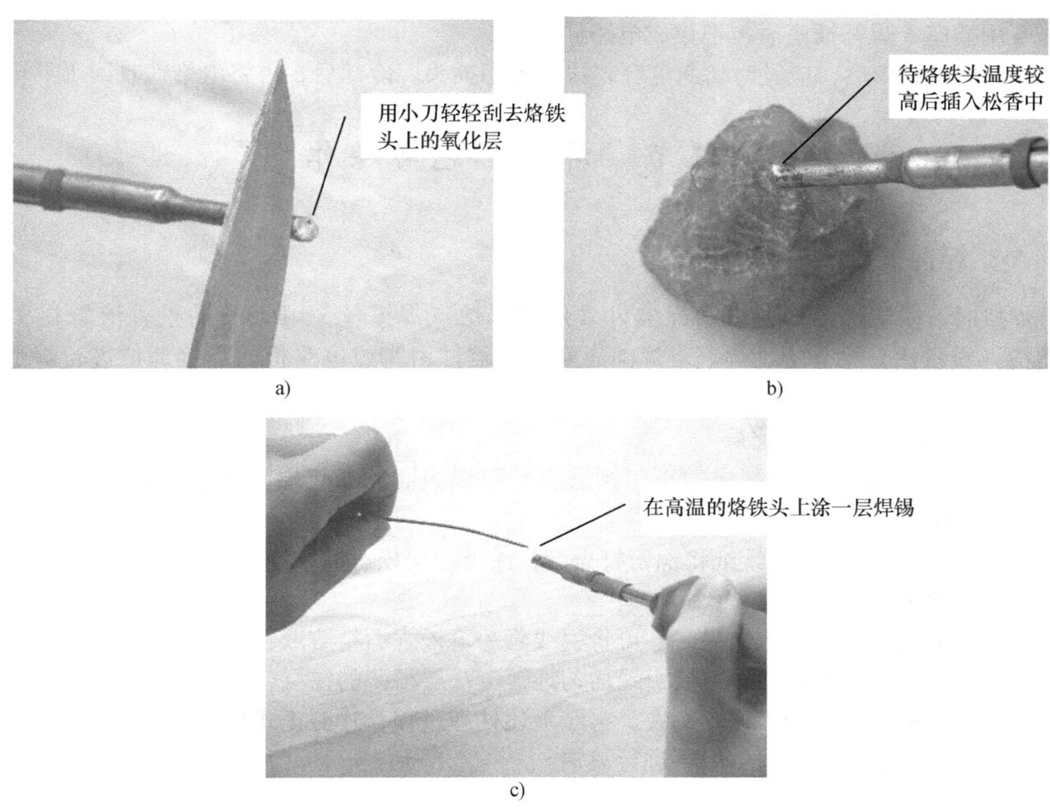

a) b) c)

图 2-5 电烙铁在使用前的准备工作

a）除去电烙铁头上的氧化层 b）给电烙铁蘸松香 c）挂锡

3）电烙铁使用中，不能用力敲击，要防止跌落。烙铁头上焊锡过多时，可用布擦掉，不可乱甩，以防烫伤他人。

4）使用烙铁时，若烙铁的温度太低，则不能熔化焊锡，或不能完全熔化；温度太高又会使烙铁“烧死”（尽管温度很高，却不能蘸上锡）。

5）焊接时间不宜过长，否则容易烫坏元器件，必要时可用镊子夹住管脚帮助散热。若停留的时间太短，焊锡不易完全熔化，接触不良，形成“虚焊”，而焊接时间太长又容易损坏元器件，或使印制电路板的铜箔翘起。一般一两秒内要焊好一个焊点。

6）焊接时电烙铁不能移动，应该先选好接触焊点的位置，再用烙铁头的搪锡面去接触焊点。

7）对于通电后的电烙铁，若长时间不使用时要拔下电源引线，不要让它长时间发热，否则会使烙铁芯加速氧化而烧断，缩短其使用寿命，同时也会使烙铁头因长时间加热而氧化，甚至被“烧死”不再“吃锡”。

8）焊接完成后，要用酒精把电路板上残余的助焊剂清洗干净，以防炭化后的助焊剂影响电路正常工作。

9）集成电路应最后焊接，电烙铁要可靠接地，或断电后利用余热焊接。或者使用集成电路专用插座，焊好插座后再把集成电路插上去。

10）使用结束后，应及时切断电源，拔下电源插头。冷却后，再将电烙铁收回工具箱。

第三节 焊接工艺与操作

一、焊前处理

焊接时，一般选用焊接电子元器件常用的低熔点焊锡丝，用25%的松香溶解在75%的酒精（重量比）中作为助焊剂。焊前还应对元器件引脚或电路板的焊接部位进行焊前处理。

1. 清除焊接部位的氧化层

1）可用小刀或断锯条制成的小刀刮去金属引线表面的氧化层，使引脚露出金属光泽，如图2-6a所示。

2）印制电路板可用细砂纸将铜箔打光后，涂上一层松香酒精溶液。

2. 元器件镀锡

在刮净氧化层的引线上镀锡时，可将引线蘸一下松香酒精溶液，然后将带锡的热烙铁头压在引线上，并转动引线，即可使引线均匀地镀上一层很薄的锡层，如图2-6b所示。

导线焊接前，先将绝缘外皮剥去，再经上述处理过程，才能正式焊接。若是多股金属导线，打光后应先拧在一起，然后再进行镀锡。

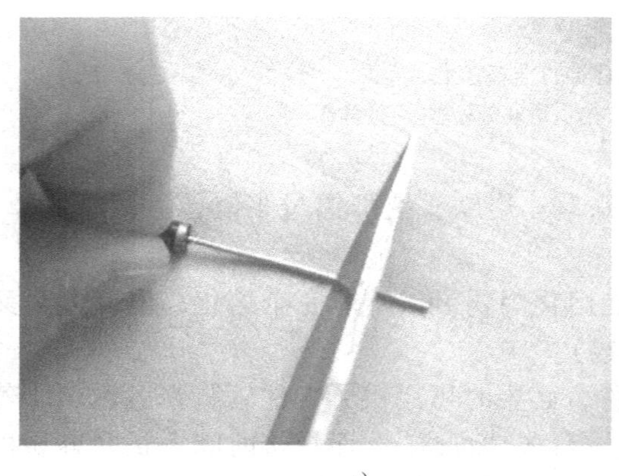

a)

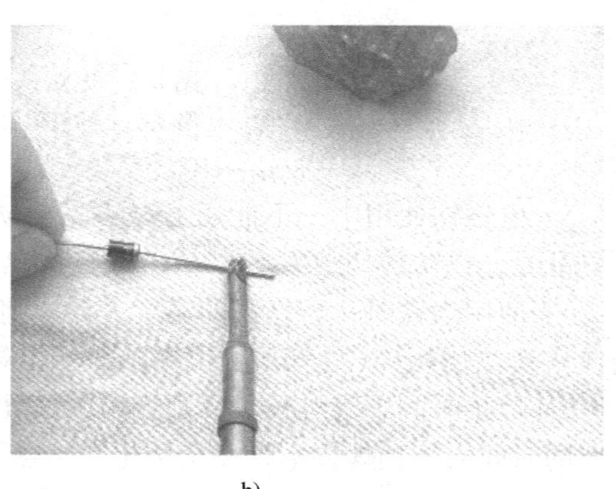

b)

图2-6 焊前处理

a）清除金属引线上的氧化层 b）元器件镀锡

二、电子元器件的引线成形和插装

1. 引线成形要求

对于手工插装焊接的元器件，其引线加工形状有卧式和竖式两种，成形时的基本要求如下：

1）引线不应该在根部弯曲。

2）弯曲处的圆角半径 R 应大于引脚直径的两倍。

3）弯曲后的两根引线要与本体垂直。

4）元器件的符号标志方向应一致。

2. 插装方法和原则

电子元器件的插装方法有手工插装和自动插装两种。

元器件在印制电路板上插装的原则如下：

1）电阻、电容、晶体管和集成电路的插装应使标记和色码朝上，易于辨认。

2）有极性的元器件由极性标记方向决定插装方向。

3）插装顺序应该先轻后重、先里后外、先低后高。

4）元器件间的间距不能小于1mm，引线间隔要大于2mm。

三、焊接工艺

焊接技术是无线电爱好者必须掌握的一项基本技术。由于20W 内热式电烙铁使用的是220V 交流电源，所以使用时要特别注意安全。

1. 手工焊接的基本方法

如图2-7 所示，准备好电烙铁以及镊子、剪刀、斜口钳、尖嘴钳、焊料、焊剂等工具和材料。

图2-7　焊接元器件

1）右手持电烙铁，左手用尖嘴钳或镊子夹持元器件或导线。焊接前，电烙铁要充分预热。烙铁头刃面上要带上一定量焊锡。

2）将烙铁刃面紧贴在焊点处，烙铁头与水平大约成45°，以便于熔化的焊锡从烙铁头上流到焊点上。烙铁头在焊点处停留的时间控制在2～3s。

3）当焊料流动并覆盖焊接点后，应迅速移开烙铁头，左手保持元器件不动，待焊点处焊锡冷却凝固后，方可松开左手。

4）用镊子转动引线，确认元器件焊接是否牢固，然后可用扁口钳齐根剪去多余的引线，如图2-8所示。

2. 对焊接的基本要求

1）焊点表面要光滑、清洁，锡点光亮，圆滑而无毛刺。合格的焊点表面呈半球面，没有气孔，各焊点大小均匀，如图2-9a所示。

2）焊点要有足够的机械强度，能够保证被焊件在受振动或冲击时不致脱落、松动。同时，焊接处不能堆积过多焊料，这样容易造成虚焊或短路。

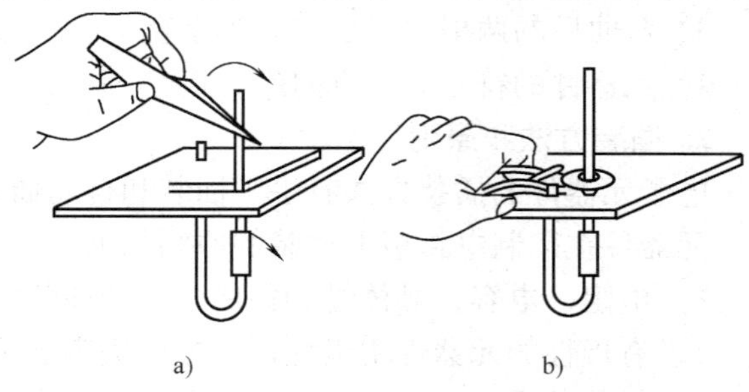

图 2-8

a）牢固性检查 b）剪去多余引线

3）焊接质量要可靠，具有良好导电性。

4）焊锡和被焊物融合后要牢固，且接触良好，不应有虚焊和假焊。

虚焊是指焊料与被焊件表面没有形成合金结构，只是简单地依附在被焊金属表面，从而造成接触不良，时通时断。假焊是指表面上好像焊住了，但实际上并没有焊上，有时用手一拔，引线就可以从焊点中拔出。这两种情况将给电子制作的调试和检修带来极大的困难。只有经过大量的、认真的焊接实践，才能避免出现这两种情况。

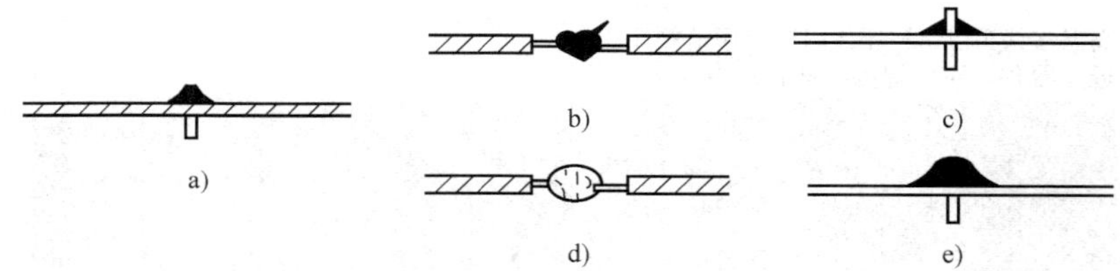

图2-9 不同焊接质量的焊点

a）合格焊点 b）焊点有毛刺 c）锡量过少 d）蜂窝状虚焊 e）锡量过多

四、印制电路板的焊接

1. 焊前准备

首先要熟悉所焊印制电路板的装配图，并按图样要求进行配料，检查元器件型号、规格及数量是否符合要求，并做好装配前元器件引线成形等准备工作。

2. 焊接顺序

元器件焊接顺序依次为电阻器、电容器、二极管、晶体管、集成电路、大功率管，其他元器件为先小后大。

3. 对元器件焊接要求

（1）电阻器的焊接 按图样将电阻器准确装入规定位置。要求标记向上，字向一致。安装完同一种规格后再装另一种规格，尽量使电阻器的高度保持一致。焊完后将露在印制电路板表面多余的引脚齐根剪去。

（2）电容器的焊接 将电容器按图装入规定位置，并注意有极性电容器“+”与

“－”极不能接错，电容器上的标记方向要易看可见。先装玻璃釉电容器、有机介质电容器、瓷介电容器，最后装电解电容器。

（3）二极管的焊接　二极管焊接要注意以下几点：第一，注意阳极阴极的极性，不能装错；第二，型号标记要易看可见；第三，焊接立式二极管时，对最短引线焊接时间不能超过2s。

（4）晶体管的焊接　注意E、B、C三引线位置插接正确；焊接时间尽可能短，焊接时用镊子夹住引线脚，以利散热。焊接大功率晶体管时，若需加装散热片，应将接触面加工平整、打磨光滑后再予以紧固，若要求加垫绝缘薄膜时，切勿忘记加薄膜。管脚与电路板需要连接时，要用塑料导线。

（5）集成电路的焊接　首先按图样要求，检查型号、引脚位置是否符合要求。焊接时先焊边沿的两只引脚，以使其定位，然后再从左到右自上而下逐个焊接。

对于电容器、二极管、晶体管露在印制电路板面上多余的引脚均需齐根剪去。

五、拆焊方法

在调试、维修过程中，或由于焊接错误对元器件进行更换时就需要进行拆焊处理。

若拆焊方法不当，往往会造成元器件的损坏、印制导线的断裂或焊盘的脱落。采用良好的拆焊技术，能保证调试、维修工作顺利进行，避免由于更换元器件不得法而增加产品故障率。

从电路板上拆卸元器件时，可将电烙铁头贴在焊点上，待焊点上的锡熔化后，将元器件拔出。普通元器件的拆焊方法如下：

1）选用合适的医用空心针头拆焊。

2）用铜编织线进行拆焊。

3）用气囊吸锡器进行拆焊。

4）用专用拆焊电烙铁拆焊。

5）用吸锡电烙铁拆焊。

技能训练4　焊接练习（一）

一、训练目的

练习对元器件进行焊前处理；练习直接焊接元器件。

二、训练器材

（1）工具　20W内热式电烙铁1只。

（2）器材　红黑色软芯塑料导线各2根，电池盒，2只鳄鱼夹，100Ω固定电阻器、470Ω电位器、发光二极管各1只。

三、训练内容及步骤

1. 焊接电池盒

（1）焊前处理

1）将4根软导线两端塑料外皮各剥去1cm左右。用小刀刮亮后，将多股芯线拧在一起后镀锡。

2）将电池盒正负极引脚焊片用小刀刮亮后镀锡。将两只鳄鱼夹焊线处刮亮后镀锡。

（2）焊接方法

1）取红色导线1根，一端焊接在红把鳄鱼夹上，另一端焊接在电池盒正极焊片上。

2）取黑色导线1根，一端焊接在黑把鳄鱼夹上，另一端焊接在电池盒负极焊片上。

（3）焊接质量的检查

1）各焊点是否牢固，有无虚焊、假焊，是否光滑无毛刺。

2）将不合格焊点重新焊接。

2. 焊接电路

（1）焊前处理　用小刀刮去各元器件引脚上的氧化层，然后搪锡。

（2）焊接方法

1）将电阻一端焊接在电位器引脚一侧焊片上。

2）将电位器引脚中间的焊片焊上1根导线。

3）将导线另一端焊接在发光二极管负极上。

4）将发光二极管正极焊接上另1根导线。

（3）焊接质量的检查

1）焊点是否光亮圆滑，有无假焊和虚焊。

2）将不合格的焊点重新焊接。

注意：焊接发光二极管时，时间要短，并应用尖嘴钳夹住引脚根部，以利于散热。将电池盒引线上的鳄鱼夹夹在电路的两端（注意正负极），观察发光二极管发光情况。旋转电位器，使发光二极管亮度适中。

3）焊接完毕，拔下电烙铁插头，待其冷却后，收回工具箱。

四、训练评分标准

焊接训练评分标准见表2-1。

表2-1　评分标准

内　容	要　求	配　分	评分标准	扣　分	得　分
电烙铁使用	方法正确，操作规范	40分	不正确，不规范一处扣10分		
焊接与电路	电路安装正确，完整	20分	安装不正确每处扣10分		
安装	按图焊接，接线牢固，无虚焊、漏焊，焊点光滑，无毛刺	30分	焊点粗糙扣20分，虚焊、假焊，每处扣除10分		
安全生产	安全、文明操作	10分	违反者扣10分		

技能训练5　焊接练习（二）

一、训练目的

练习元器件的焊前处理；练习焊接电路板。

二、训练器材

（1）工具　20W内热式电烙铁1只。

（2）器材 废旧印制电路板 1 块、1/8W 小电阻 10 只。

三、训练内容及步骤

1. 焊前处理

1）将印制电路板铜箔用细砂纸打光后，均匀地在铜箔面涂一层松香酒精溶液。若是已焊接过的印制电路板，应将各焊孔扎通（可用电烙铁熔化焊点焊锡后，趁热用针将焊孔扎通）。

2）将 10 只电阻器引脚逐个用小刀刮亮后，分别镀锡。

2. 焊接方法

1）将电阻插入印制电路板小孔，应从正面（不带铜箔面）插入，电阻引脚留出的长度约为 3 ~ 5mm。

2）在电路板反面（有铜箔一面），将电阻引脚焊接在铜箔上，控制好焊接时间为 2 ~ 3s。若准备重复练习，可不剪断引脚。将 10 只电阻逐个焊接在印制电路板上。

3. 焊接质量的检查

将 10 个焊点中不合格的焊点重新焊接。

四、评分标准

焊接训练评分标准见表 2-2。

表 2-2 评分标准

内容	要求	配分	评分标准	扣分	得分
电烙铁使用	方法正确，操作规范	40 分	不正确，不规范一处扣 10 分		
焊接质量	接线牢固，无虚焊、假焊，焊点光滑，无毛刺	50 分	焊点粗糙扣 30 分，虚焊、假焊，每处扣除 10 分		
安全生产	安全、文明操作	10 分	违反者扣 10 分		

本章小结

1）常用的焊接工具是内热式电烙铁，尖嘴钳、偏口钳、镊子和小刀为焊接的辅助性工具。钳接时用带有松香芯的焊锡丝作焊料，用松香作助焊剂。

2）对于新买来的电烙铁，要检查其是否漏电。为保证使用人员的人身安全，应换成防火、防烫的花线。在使用前用细砂纸将烙铁头打磨光亮，通电烧热，在烙铁尖头上镀上锡。在使用中，应使烙铁头保持清洁，并保证烙铁的尖头上始终有焊锡，防止烙铁头被“烧死”。旧的烙铁头如严重氧化而发黑，可用小刀轻轻刮去烙铁头上的氧化物，使其露出金属光泽后，重新镀锡，才能使用。

3）电烙铁使用前，应认真检查电源插头、电源线有无损坏，并检查烙铁头是否松动。焊接过程中，电烙铁不能随意摆放，不用时，应放在烙铁架上。电源线不可搭在烙铁头上，以防烫坏绝缘层而发生事故。焊接时，电烙铁先选好接触焊点的位置，再用烙铁头的搪锡面去接触焊点。电烙铁的温度要适当，不能过高，也不能过低，一般一两秒内要焊好一个焊点。电烙铁使用过程中，不能用力敲击，要防止跌落。烙铁头上焊锡不可过多，过多时，可用布擦掉，不可乱甩，以防烫伤他人。通电后的电烙铁，不使用时要拔下电源引线，不能长时间发热。使用结束后，应及时切断电源，拔下电源插头，冷却后，再将电烙铁收回工具箱。

4）焊接前应对元器件的引脚或电路板的焊接部位进行必要的处理：先用小刀或断锯条除去焊接部位的氧化层，然后在刮净的引线上镀锡。

5）焊接前，电烙铁要充分预热，烙铁头刃面上要吃锡。焊接时，右手持电烙铁，左手用尖嘴钳或镊子夹持元器件或导线。将烙铁刃面紧贴在焊点处，烙铁头与水平大约成45°。当焊料流动至覆盖焊接点时，迅速移开烙铁头，左手仍夹持元器件保持不动，待焊点处的锡冷却凝固后，方可松开左手。焊后，用镊子转动引线，确认不松动，然后可用扁口钳剪去多余的引线。

6）焊接良好的焊点表面应比较光亮，呈半球面而无毛刺和气孔，各焊点大小均匀，有足够的机械强度，焊接可靠，具有良好的导电性，不应有虚焊和假焊。

7）手工插装焊接的元器件引线加工形状有卧式和竖式。电子元器件的插装方法有手工插装和自动插装两种。

8）对元器件进行焊接时，应按电路要求将元器件准确装入规定位置。

对于电阻器，要求标记向上，字向一致，安装完同一种规格后再安装另一种规格，尽量保证高度一致；电容器上的标记方向要易看可见，先装玻璃釉电容器、有机介质电容器、瓷介电容器，最后安装电解电容器，电解电容器的极性不能接错；二极管焊接时，正极和负极不能装错，型号标记要易看可见；晶体管焊接时，用镊子夹住引线脚以利散热，注意E、B、C三引线插接位置正确，焊接时间尽可能短；焊接大功率晶体管时，若需加装散热片，安装时将接触面加工平整、打磨光滑后再予以紧固。焊接集成电路时，首先按图样要求，检查型号、引脚位置是否符合要求，焊接时先焊边沿的两只引脚，以使其定位，然后再从左到右自上而下逐个焊接。

对于电容器、二极管、晶体管露在印制电路板面上多余引脚均需齐根剪去。

9）从电路板上拆卸元器件时，可将电烙铁头贴在焊点上，待焊点上的锡熔化后，将元器件拔出；或选用合适的医用空心针头拆焊；或用铜编织线进行拆焊；或用气囊吸锡器进行拆焊；或用专用拆焊电烙铁拆焊；用吸锡电烙铁拆焊。

复习思考题

1. 常用焊接工具有哪些？辅助工具又有哪些？各有什么用途？
2. 电烙铁在结构上由哪几部分组成？
3. 电烙铁“烧死”有什么特征？产生的原因是什么？如何避免？
4. 焊接时，烙铁头与水平大约是多少角度？焊接时间应控制在几秒钟以内？
5. 什么叫虚焊？什么叫假焊？
6. 电容器的焊接顺序是什么？集成电路的焊接方法如何？

第三章　单相整流滤波电路

学习目标

在电子电路及其设备中，一般需要直流电源供电，最经济最简便的方法是将电力系统供给的交流电变换成直流电，单相整流滤波电路就是实现这种转换的电子设备。

本章的学习目标：

1. 了解单相整流电路、电容滤波电路的工作原理。了解输出电压波形的特点。
2. 理解整流滤波电路的分析方法。
3. 掌握整流二极管和滤波电容的选择方法。

第一节　单相整流电路

将交流电变换成脉动直流电的电路称为整流电路。单相整流电路可分为单相半波整流电路和单相桥式整流电路。

一、单相半波整流电路

1. 电路组成和工作原理

图 3-1 所示为单相半波整流电路。其中，电源变压器 T 可以将输入电压 u_1 变换为整流电路所需的电压 u_2。

若二极管的正向压降为零，$u_2>0$ 时，VD 导通，输出电压 $u_L=u_2$；当 $u_2<0$ 时，VD 截止，$i_L=0$，$u_L=0$。下一个周期到来后将重复上述过程。图 3-2 所示为单相半波整流电路的输出波形。

由图 3-2 可见，交流电变化一周期，负载 R_L 上只半周期有输出，输出的电压波形为方向不随时间变化，大小随时间变化的脉动直流电，所以称为半波整流。

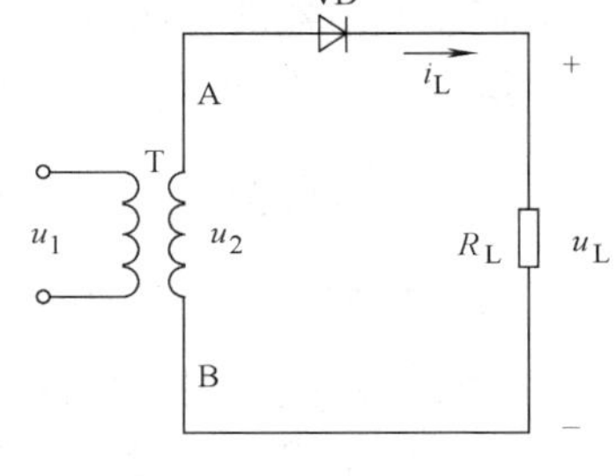

图 3-1　单相半波整流电路

2. 主要参数计算

单相半波整流电路主要参数的计算公式，见表 3-1。

实际选择整流二极管时，二极管的最大整流电流 I_{FM} 和最大反向工作电压 U_{RM} 应满足下列条件：

$$I_{FM} \geqslant I_F \quad U_{RM} \geqslant U_{Rm}$$

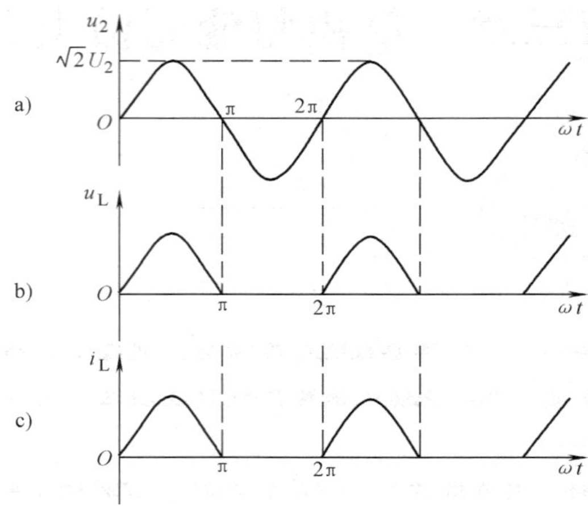

图 3-2　单相半波整流电路的输出

a）变压器二次电压　b）输出电压　c）输出电流

表 3-1　单相半波整流电路的有关计算公式

电路参数	计算公式
输出电压的平均值 U_L	$U_L = 0.45U_2$
输出电流的平均值 I_L	$I_L = \dfrac{U_L}{R_L}$
通过二极管的平均电流 I_F	$I_F = I_L$
二极管承受的最大反向电压 U_{Rm}	$U_{Rm} = \sqrt{2}U_2$

注：U_2 为变压器二次电压的有效值。

例 1　某一直流负载，电阻为 1.5kΩ，要求工作电流为 10mA，如果采用半波整流电路，试求整流变压器的二次电压，并选择适当的整流二极管。

解　因为 $U_L = R_L I_L = 1.5 \times 10^3 \times 10 \times 10^{-3}\text{V} = 15\text{V}$

由　$U_L = 0.45U_2$，变压器二次电压的有效值为 $U_2 = \dfrac{U_L}{0.45} = \dfrac{15}{0.45}\text{V} \approx 33\text{V}$

流过整流二极管的平均电流为 $I_F = I_L = 10\text{mA}$

二极管承受的最大反向电压为 $U_{Rm} = \sqrt{2}U_2 = 1.41 \times 33\text{V} \approx 47\text{V}$

根据以上求得的参数，查阅整流二极管参数手册，可选择 $I_{FM} = 100\text{mA}$，$U_{RM} = 50\text{V}$ 的 2CZ82B 型整流二极管。

二、单相桥式整流电路

1. 电路组成和工作原理

单相桥式整流电路如图 3-3a 所示。图 3-3b 所示为一种习惯画法，图 3-3c 是一种简化画法。

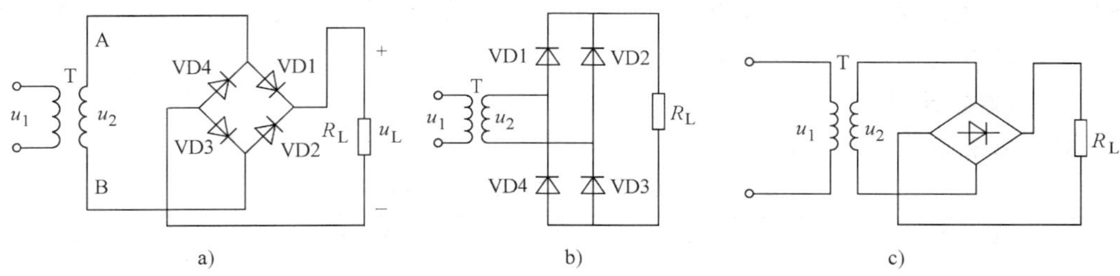

图 3-3　单相桥式整流电路

a）原理图　b）习惯画法　c）简化画法

若二极管的正向压降为零，$u_2>0$ 时，VD1、VD3 导通，VD2、VD4 截止，电流方向如图 3-4a 所示，输出电压 $u_L=u_2$；当 $u_2<0$ 时，VD2、VD4 导通，VD1、VD3 截止，电流方向如图 3-4b 所示，$u_L=u_2$。下一个周期到来时重复上述过程。

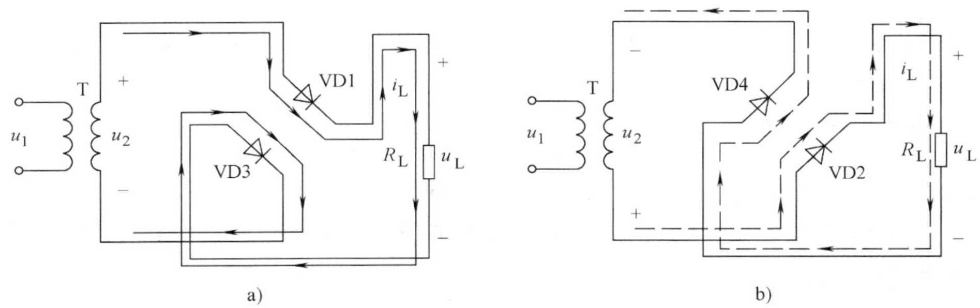

图 3-4　单相桥式整流电流通路

a）$u_2>0$ 时情况　b）$u_2<0$ 时情况

图 3-5 所示为单相桥式整流电路的输出波形。

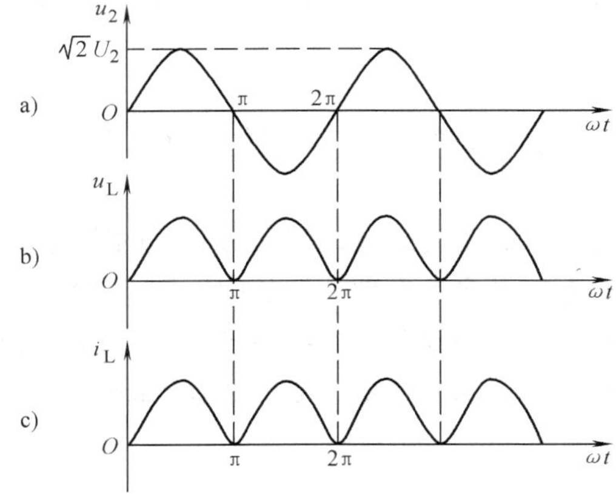

图 3-5　单相桥式整流电路的输出波形

a）变压器二次电压　b）输出电压　c）输出电流

由图 3-5 可见，交流电变化一周期内都有同一方向的电流流过负载电阻 R_L，分别有两只二极管轮流导通，通过负载的电流 $i_L = i_{L1} + i_{L2}$，在负载上得到全波脉动的直流电压和电流，这种整流电路属于全波整流电路。

2. 主要参数计算

单相桥式整流电路参数计算公式，见表 3-2。

表 3-2 单相桥式整流电路有关计算公式

电路参数	计算公式	电路参数	计算公式
输出电压的平均值 U_L	$U_L = 0.9U_2$	通过二极管的平均电流 I_F	$I_F = \frac{1}{2}I_L$
输出电流的平均值 I_L	$I_L = \frac{U_L}{R_L}$	二极管承受的最大反向电压 U_{Rm}	$U_{Rm} = \sqrt{2}U_2$

实际选择整流二极管时，依然要满足 $I_{FM} \geqslant I_F$ 和 $U_{RM} \geqslant U_{Rm}$ 这两个条件。

例 2 有一直流负载需直流电压 6V，直流电流 0.4A，若采用单相桥式整流电路，试求电源变压器的二次电压，并选择整流二极管的型号。

解 由 $U_L = 0.9U_2$，可得变压器二次电压的有效值为 $U_2 = \frac{U_L}{0.9} = \frac{6}{0.9}\text{V} \approx 6.7\text{V}$

通过二极管的平均电流 $I_F = \frac{1}{2}I_L = \frac{1}{2} \times 0.4\text{A} = 0.2\text{A} = 200\text{mA}$

二极管承受的最大反向电压 $U_{Rm} = \sqrt{2}U_2 = 9.4\text{V}$

根据以上求得的参数，查阅整流二极管参数手册，可选择 $I_{FM} = 300\text{mA}$，$U_{RM} = 10\text{V}$ 的 2CZ56A 型整流二极管。

与单相半波整流电路相比，单相桥式整流电路所需二极管的数量较多，当变压器二次电压 U_2 相同时，对二极管的耐压参数要求一样，但输出电压较高、脉动较小，变压器利用率也比较高，所以这种电路应用较广泛。

桥式整流电路目前已做成模块（称整流桥堆，简称桥堆），有半桥和全桥两种，使用一个全桥或连接两个半桥就可代替四只整流二极管与电源变压器相连，组成桥式整流电路，使用起来非常方便。

第二节 滤波电路

交流电经整流后虽已转变成脉动直流电，但含有较大的交流成分，这种不平滑的直流电仅能在电镀、电焊、蓄电池充电等要求不高的设备中使用，不能适应大多数电子电路和设备的需要。为了得到平滑的直流电，一般在整流电路之后接入滤波电路，把脉动直流电的交流成分滤掉。常用的滤波电路有电容滤波电路、电感滤波电路、复式滤波电路等。

一、电容滤波电路

1. 电路组成和工作原理

图 3-6a 所示为一单相半波整流电容滤波电路。其中 C 为电容量很大的电解电容器，且与负载 R_L 并联。

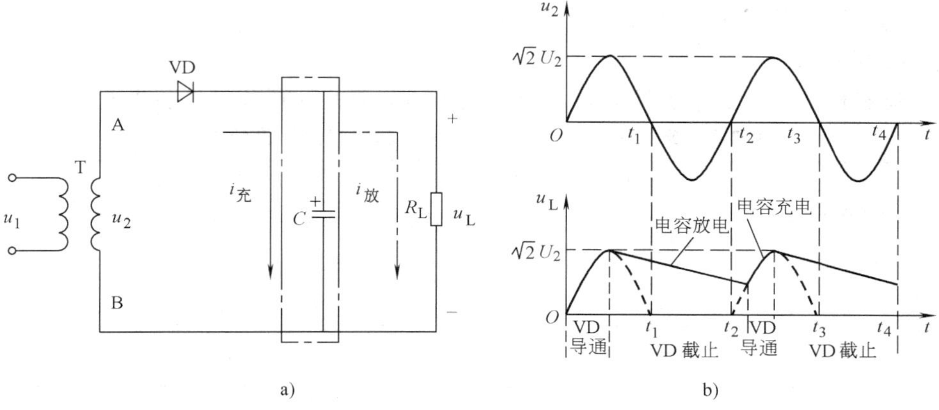

图 3-6　单相半波整流电容滤波电路

a）滤波电路　b）工作波形

假设接通电源前，电容器 C 两端电压为零。

当 $u_2>0$ 时，VD 导通，u_2 向电容器 C 充电，忽略二极管的正向电阻，则电容器两端的电压很快达到 u_2 的峰值，此后 u_2 按正弦规律下降，而 C 两端电压不能突变，仍保持较高的电压，这时 $u_C>u_2$，VD 承受反向电压截止，C 通过 R_L 进行放电，由于 C 和 R_L 较大，放电速度很慢，随着放电过程的进行 u_C 不断下降，直到下一个周期 $u_2>u_C$ 时，VD 再次导通，C 再次被充电，如此重复。通过这种周期性充放电，使输出电压波形变得平滑，达到滤波的目的。图 3-6b 所示为其输出电压波形。

图 3-7a 所示为桥式整流电容滤波电路，图 3-7b 所示为其输出电压波形。

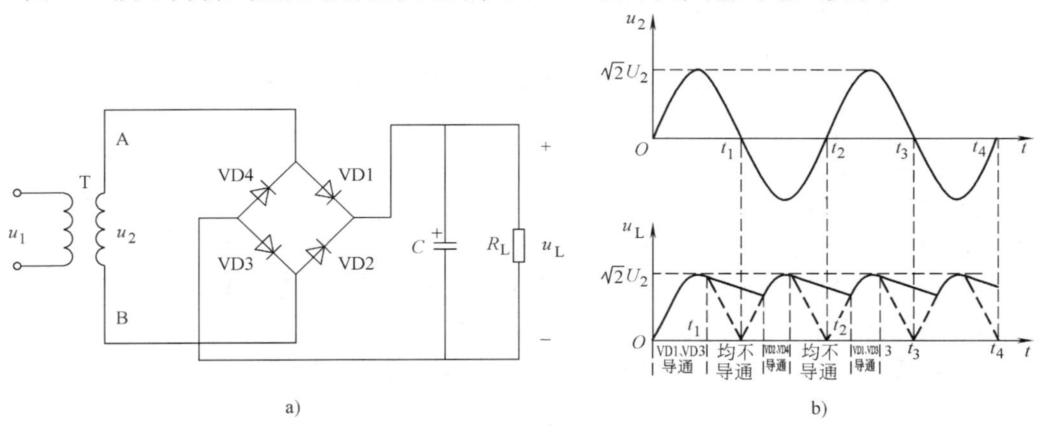

图 3-7　桥式整流电容滤波电路

a）滤波电路　b）工作波形

对电容滤波的工作原理也可做如下分析：

电容具有隔直流通交流的作用，对于整流输出脉动直流电中的直流成分，电容相当于开路，因此其直流成分都加在负载两端，而脉动直流电中的交流成分，大部分经过电容旁路，因此负载中的交流成分很小，负载电压变得平滑。

2. 主要参数计算

半波整流和桥式整流经电容滤波后，有关电压和电流的计算公式见表3-3。

表3-3 单相整流电容滤波电路电压和电流的计算公式

整流电路形式	输入交流电压（有效值）	电容滤波电路输出电压 U_L		整流器件上电压、电流	
		负载开路时电压	带负载时的电压（估算值）	最大反向电压 U_{Rm}	通过的平均电流 I_F
半波整流	U_2	$U_L=\sqrt{2}U_2$	$U_L=U_2$	$U_{Rm}=2\sqrt{2}U_2$	$I_F=I_L$
桥式整流	U_2	$U_L=\sqrt{2}U_2$	$U_L=1.2U_2$	$U_{Rm}=\sqrt{2}U_2$	$I_F=\frac{1}{2}I_L$

滤波电容器的电容量可根据负载电流的大小参考表3-4进行选择。

表3-4 滤波电容的选择

输出电流 I_L	2A	1A	0.5~1A	0.1~0.5A	100mA 以下	50mA 以下
滤波电容器的电容量 C	4000μF	2000μF	1000μF	500μF	200~500μF	200μF

注：此为桥式整流电容滤波 $U_L=12\sim36\text{V}$ 时的电流参考值。

值得注意的是，滤波电容器的电容量较大，一般用电解电容，应注意电容的正极接高电位，负极接低电位，否则易击穿爆裂。电容器的耐压应大于它实际工作时所能承受的最大电压。

3. 电路特点

1）接入滤波电容后，二极管导通的时间变短，通过二极管的电流增大，特别是在接通电源瞬间会产生很大的浪涌电流。一般情况下，浪涌电流是正常工作电流 I_L 的（5~7倍），所以选二极管参数时，正向平均电流的参数应选大一些。

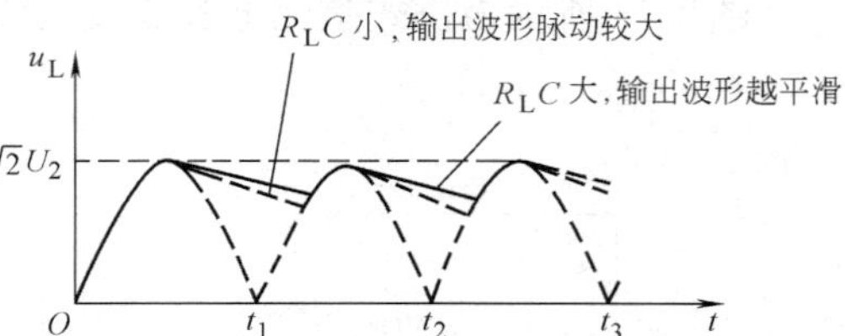

图3-8 R_LC 变化对电容滤波的影响

2）经电容滤波后，输出波形变得平滑，输出电压的平均值升高。

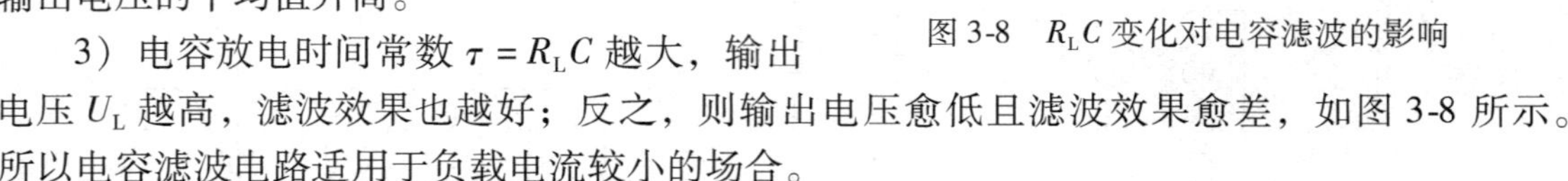

3）电容放电时间常数 $\tau=R_LC$ 越大，输出电压 U_L 越高，滤波效果也越好；反之，则输出电压愈低且滤波效果愈差，如图3-8所示。所以电容滤波电路适用于负载电流较小的场合。

例3 在桥式整流电容滤波电路中，若要求输出直流电压为6V，负载电流为60mA。试选择合适的整流二极管和滤波电容。

解 （1）整流二极管的选择 电源变压器的二次电压为

$$U_2=\frac{U_L}{1.2}=\frac{6}{1.2}\text{V}=5\text{V}$$

流过每只二极管的平均电流为

$$I_F=\frac{1}{2}I_L=\frac{1}{2}\times60\text{mA}=30\text{mA}$$

每只二极管承受的最大反向电压为

$$U_{\mathrm{Rm}}=\sqrt{2}U_2=1.414\times5\mathrm{V}\approx7\mathrm{V}$$

查晶体管手册，可选用2CZ82A型整流二极管（$I_{\mathrm{F}}=100\mathrm{mA}$，$U_{\mathrm{RM}}=25\mathrm{V}$）。

（2）滤波电容的选择　电容器的耐压为

$$U_{\mathrm{C}}\geqslant\sqrt{2}U_2\approx1.414\times5\mathrm{V}\approx7\mathrm{V}$$

由于$I_{\mathrm{L}}=60\mathrm{mA}$，可选用容量为200μF，耐压为50V的电解电容器。

二、电感滤波电路

当一些电气设备需要脉动较小、输出电流较大的直流电源时，若采用电容滤波电路，则电容器的电容量必须很大，因此对二极管的冲击电流也很大，这就使得选择二极管和电容器很困难，在此情况下，往往采用电感滤波电路。

图3-9a所示为电感滤波电路。其中电感L与负载R_{L}串联。

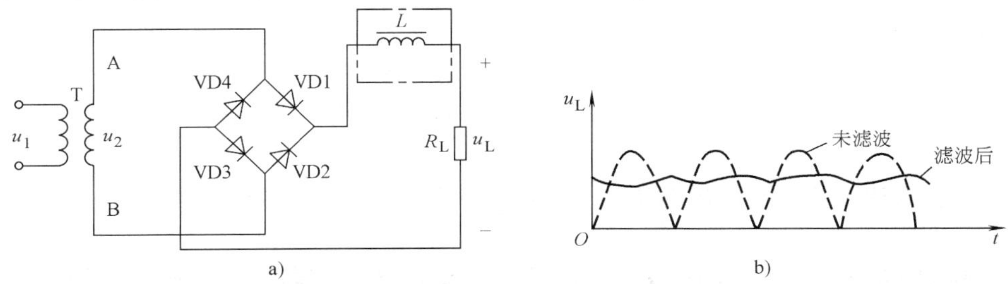

图3-9　带有电感滤波的单相桥式整流电路
a）滤波电路　b）工作波形

电感对交流呈现很大的阻抗，交流成分降到了电感上，由于电感线圈的直流电阻很小，若忽略导线的电阻，直流成分直接施加在负载上，因而降低了输出电压的脉动成分，达到滤波的目的。如图3-9b所示，实线为电感滤波后的工作波形。

注意：电感滤波电路对整流二极管没有电流冲击。一般来说，电感量L越大，R_{L}愈小，滤波效果越好，所以，电感滤波电路适用于负载电流较大的场合。

三、复式滤波电路

为了进一步减小输出电压的脉动程度，可用电容和电感组成各种形式的复式滤波电路，如图3-10所示。

图3-10a所示为LC-г型滤波电路，图3-10b所示为LC-π型滤波电路。其中，LC-г型滤波电路实质上是经过了电感电容两次滤波，所以其输出的直流电压和电流就更平滑了；对于LC-π型滤波电路，由于有三个元件进行滤波，所以滤波效果比LC-г型滤波效果好。

图3-10c所示为RC-π型滤波电路。在负载电流不大的情况下，为降低成本，缩小体积，减轻重量，选用电阻器R来代替L。但电阻R对交流和直流成分均产生压降，故会使输出电压下降。一般R取几十到几百欧。

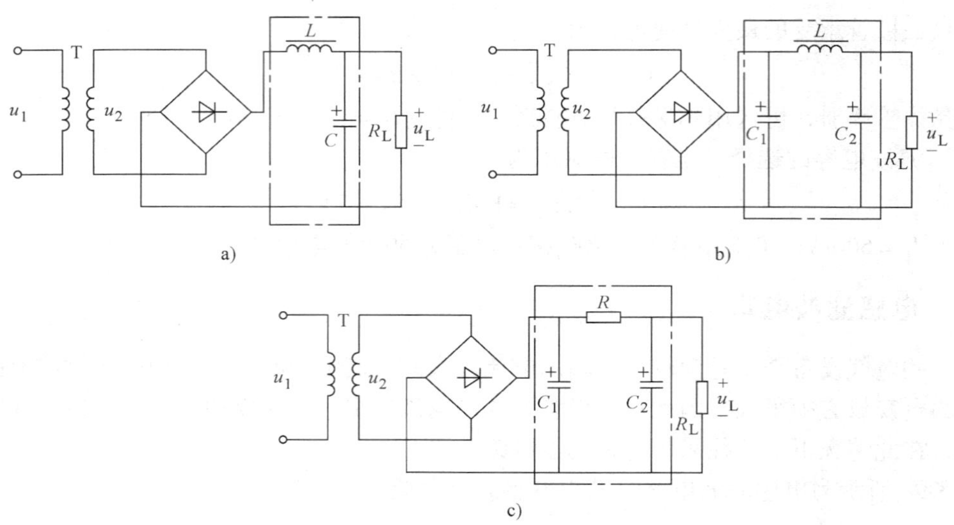

图 3-10 复式滤波电路

a）LC-Γ 型滤波电路 b）LC-π 型滤波电路 c）RC-π 型滤波电路

当一级复式滤波达不到输出电压的平滑性要求时，可以增加滤波级数。

技能训练 6 单相桥式整流电容滤波电路的安装和测试

一、训练目的

1）能够正确组装单相桥式整流滤波电路，进一步理解单相整流电路和电容滤波电路的工作原理。

2）学会用示波器观察单相桥式整流电容滤波电路的输入和输出电压波形。

3）掌握单相整流、滤波电路有关简单计算，能正确选择整流二极管。

二、训练器材

（1）工具 电烙铁、焊料及常用无线电装配工具一套。

（2）仪表 万用表、示波器。

（3）元器件 见表 3-5。

表 3-5 元件明细

序号	名称	规格	数量
1	电源变压器 T	220V/15V	1 只
2	整流二极管 VD1、VD2、VD3、VD4	1N4004	4 只
3	电解电容器 C	470μF/50V	1 只
4	电阻器 R_L	10kΩ/0.25W	1 只
5	开关 S1、S2	单刀单掷	2 只
6	实验板	—	1 块

三、训练内容及步骤

图 3-11 所示为单相桥式整流电容滤波电路。

1. 清点、检测元器件并对元器件进行搪锡处理

1）按表 3-5 核对元器件的数量、型号和规格，如有短缺、差错应及时补缺和更换。

2）用万用表检测晶体二极管、电阻和电容。对不符合质量要求的元器件剔除并更换。

3）清除元器件引脚上和实验板上的氧化层，并搪锡。

2. 按单相桥式整流电容滤波电路进行组装

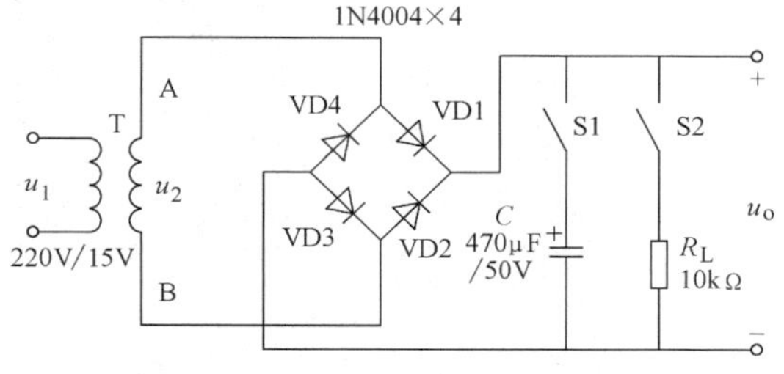

图 3-11 单相桥式整流电容滤波电路

将元器件插装后再予以焊接固定，用硬铜导线根据电路的电气连接关系进行布线并焊接固定，组装好的电路板如图 3-12 所示，其焊接面如图 3-13 所示。

3. 电路的测试

在开关 S1 和 S2 处于各种状态时，分别用示波器观察电路输入和输出电压波形，并用万用表测量输出电压，记录输入和输出电压波形的形状和输入电压的最大值，把测试结果填入表 3-6 中。

图 3-12 单相桥式整流电容滤波电路的电路板

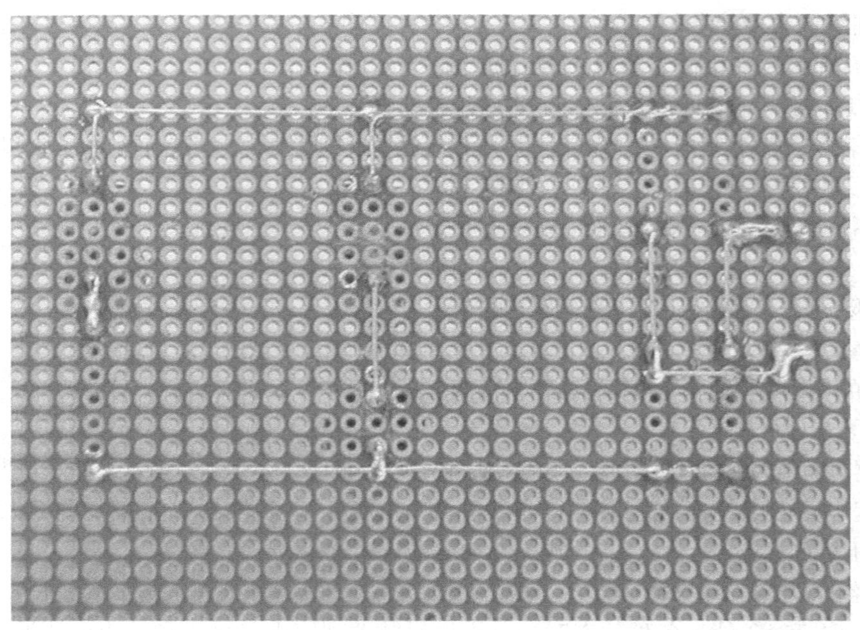

图 3-13　单相桥式整流电容滤波电路的焊接面

表 3-6　测试结果记录

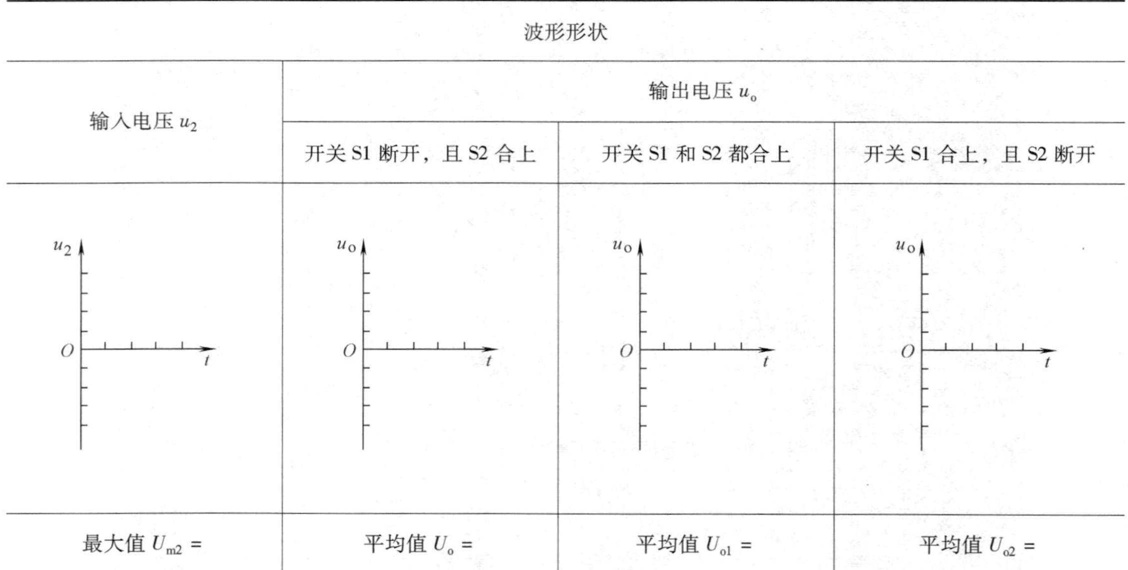

波形形状			
输入电压 u_2	输出电压 u_o		
	开关 S1 断开，且 S2 合上	开关 S1 和 S2 都合上	开关 S1 合上，且 S2 断开
u_2 O t	u_O O t	u_O O t	u_O O t
最大值 U_{m2} =	平均值 U_o =	平均值 U_{o1} =	平均值 U_{o2} =

其中用示波器测量波形时，垂直输入灵敏度选择开关（V/div）每格________V 挡，扫描时间转换开关（s/div）每格________ms 挡。

四、训练评分标准

本技能训练评分标准见表 3-7。

表 3-7　评分标准

内容	要求	配分	评分标准	扣分	得分
元器件检测	元器件完好，无损坏	15分	每处损坏扣3分		
电路安装	电路安装正确，完整	15分	安装不正确每处扣5分		
	布局层次合理，主次分清	10分	每处不符合扣5分		
	布线美观，横平竖直	5分	每处不符合扣2分		
	排列整齐	5分	不整齐扣5分		
	按图焊接，接线牢固，无虚焊、漏焊，焊点光滑，无毛刺	10分	焊点粗糙扣3~5分，虚焊、漏焊，每处扣除3~5分		
波形的测量	正确使用示波器测量波形，测量的结果（波形形状和幅度）要正确	20分	一处不符合扣4分		
输出电压平均值的测量	正确使用万用表测量输出电压平均值	10分	一处错误扣4分		
安全生产	安全、文明操作	10分	违反者扣10分		

【阅读材料】

整流桥堆

将硅整流二极管按某种整流方式用绝缘瓷、环氧树脂和外壳封装成一体就是硅整流堆，习惯上统称为硅堆。硅堆具有体积小、可靠性高、使用方便等特点，广泛应用在各种电子电路或电气设备中，作工频整流、高频整流和高压整流等。常用的小功率整流桥有全桥和半桥之分。

一、结构与型号

目前，硅整流堆品种较多。在内部结构上，低压小电流硅堆是整流二极管按半桥或全桥方式组合，通常称作桥堆；单相全桥是将四只硅整流二极管接成桥路的形式，内部电气原理图如图3-14a所示，常见的型号有QL52～QL61系列、PM104M和BR300系列等；三相桥是将六只硅整流二极管接成桥路的形式，内部电气原理图如图3-14b所示，常见的型号有SQL系列等；半桥是将两只二极管串联，在结点处引出一电极，内部电气原理图如图3-14c所示，常见的型号有2CQ1型、2CQ2型和2CQ3型等。

目前对各种硅整流堆尚无完全统一的命名标准，需参考有关生产厂产品说明书。

在外部封装上，通常小电流的硅整流堆采用环氧树脂、陶瓷和塑料封装；大电流的则用金属封装，有的还直接带有散热器。硅堆的常见外形如图3-15所示。

二、硅整流堆的主要参数

硅整流堆的主要参数有额定反向峰值电压和正向平均整流电流等。

三、硅整流堆的检测

和整流二极管一样，主要是通过测试硅整流堆的正、反向电阻来检测其性能的好坏。

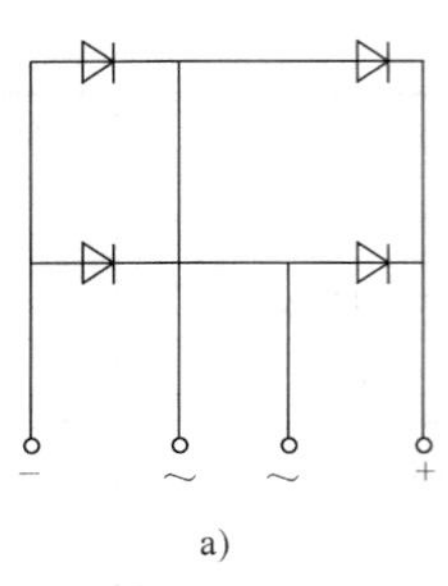

a)

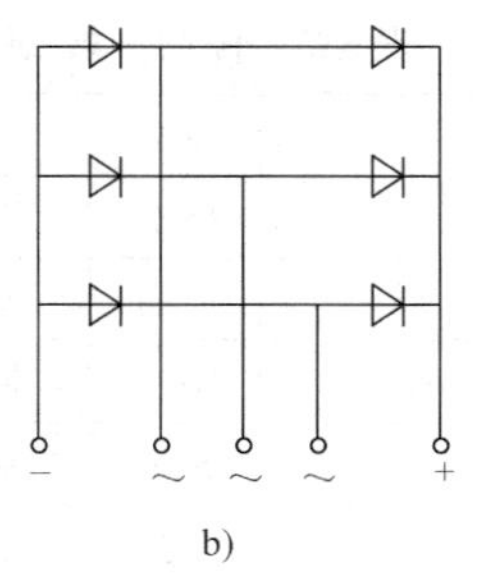

b)

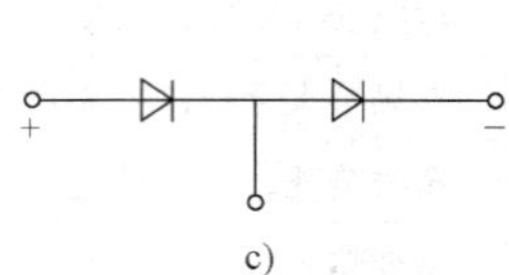

c)

图 3-14 硅桥堆（整流模块）内部电气原理图
a）单相桥 b）三相桥 c）半桥

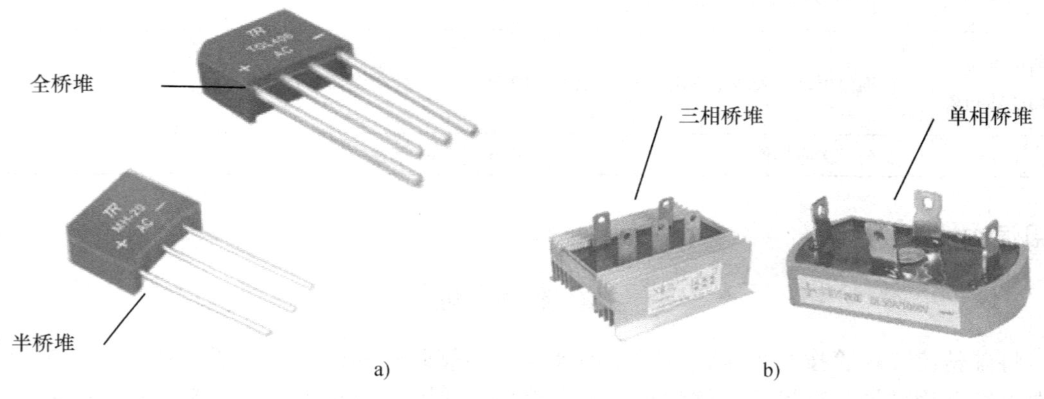

图 3-15 硅堆的常见外形
a）小电流桥堆 b）整流模块

具体方法是：利用万用表 R×1k 或 R×100 挡测量桥堆引出端的正、反向电阻来判断其质量的好坏，见表 3-8。

表 3-8 用万用表检测低压小电流硅堆的正、反向电阻

项目	测试方法	说明
交流电源端	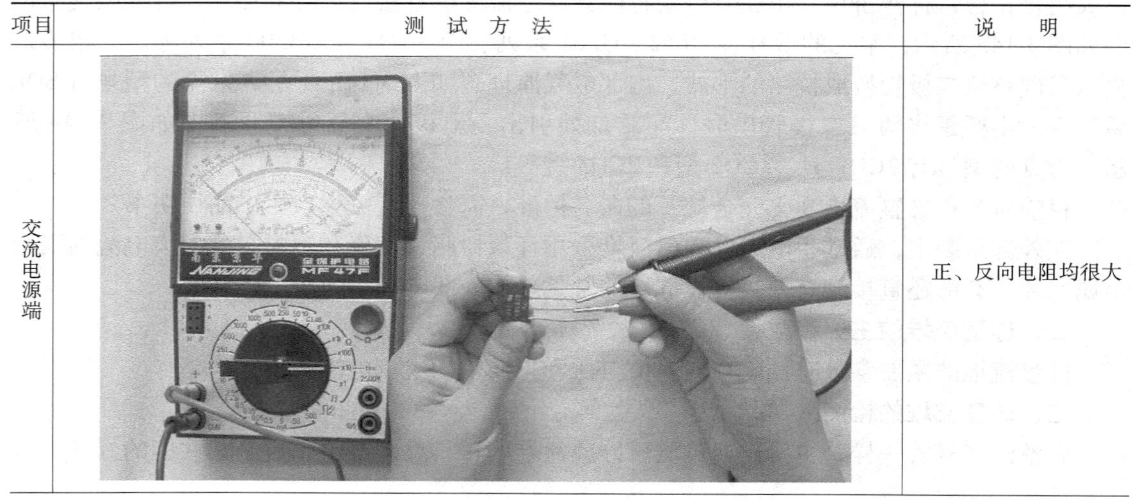	正、反向电阻均很大

（续）

项目	测 试 方 法	说 明
直流输出端	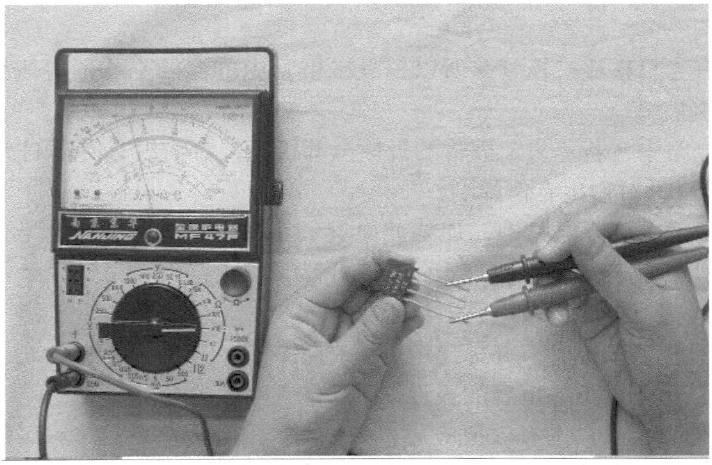	正向电阻略比单只二极管的大，反向电阻很大

本 章 小 结

1）直流电源由电源变压器、整流电路和滤波电路组成。整流电路将交流电变为脉动的直流电，滤波电路可减小脉动程度使直流电压平滑。

2）利用二极管的单向导电性，可以组成各种整流电路，并完成整流功能。单相整流电路，按输出波形不同可分为半波整流和全波整流。最常见的整流电路是单相桥式整流电路。各种整流电路中有关计算公式见表3-9。其中，U_2 表示变压器二次电压的有效值，U_L 和 I_L 分别表示输出电压的平均值和输出电流的平均值，U_{Rm}表示二极管两端所承受的最大反向电压。

表3-9 整流电路的有关计算公式

整流电路	单相半波	单相桥式
输出电压 U_L	$U_L=0.45U_2$	$U_L=0.9U_2$
输出电流 I_L	$I_L=\frac{U_L}{R_L}$	$I_L=\frac{U_L}{R_L}$
通过每个二极管的平均电流 I_F	$I_F=I_L$	$I_F=\frac{1}{2}I_L$
二极管两端所承受的最大反向电压 U_{Rm}	$U_{Rm}=\sqrt{2}U_2$	$U_{Rm}=\sqrt{2}U_2$

3）为了减小整流输出电压的脉动程度，常在整流之后接入滤波电路。滤波电路可分为电容滤波、电感滤波和复式滤波。当输出电流较小时，采用电容滤波；当工作电流较大时，采用电感滤波；当对直流电源要求较高的场合采用复式滤波。

复习思考题

1. 桥式整流电路中有4只整流二极管，所以每只二极管中电流的平均值等于负载的1/4，这种说法对吗？为什么？

2. 在单相桥式整流电路中，若4只二极管的极性全部接反，对输出有何影响？若其中1只二极管断开、短路或接反，对输出有何影响？

3. 在单相半波、单相桥式整流电路中，加滤波电容和不加滤波电容两种情况下，二极管承受的反向工作电压有无区别？为什么？

4. 图3-16所示为桥式整流电容滤波电路，试求：

1）在桥臂上画出4只整流二极管，并标出电容 C 的正极。

2）电路的输出电压是正还是负？电容的极性如何？

3）若要求输出电压为25V，u_2 的有效值应为多少？

4）若负载电流为200mA，每个二极管流过的电流和最高反向电压各是多少？

5）电容 C 开路或短路时，电路会产生何种效果？

6）若负载电流为200mA，滤波电容 C 的电容量和耐压为多少？

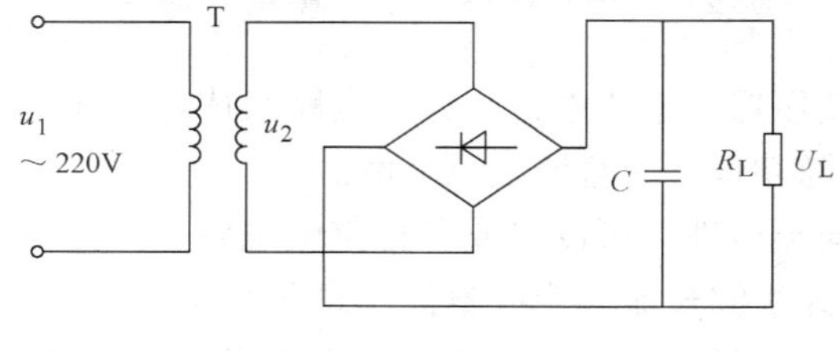

图 3-16

5. 一个单相桥式整流电容滤波电路，变压器二次电压为10V，试问：（1）若空载电压14V，满载12V，是否正常？（2）空载电压低于10V是否正常？为什么？（3）无论是空载还是满载，输出电压变化很小，是否正常？估计是什么原因？

第四章　放 大 电 路

学习目标

放大电路是把微弱的信号进行放大的电子电路，是模拟电子电路的基础。

本章的学习目标是：

1. 了解放大电路的基本概念、分类、组成。了解射极输出器的特点及应用。

2. 理解反馈的概念、负反馈对放大电路性能的影响，理解静态工作点的稳定原理。

3. 掌握单级小信号低频电压放大电路的组成、工作原理、分析方法，会进行简单的定量计算。

4. 了解功率放大电路的功能和特点，理解交越失真的原因及解决方法。

第一节　共射极基本放大电路

一、放大电路概述

1. 基本结构

放大电路又称为放大器，是电子设备中最常用的一种基本单元电路。能够把信号源送来的微弱电信号（指变化的电压或电流信号）不失真地放大为所需值的装置叫放大器，图 4-1 所示为放大器的的基本结构。放大器由基本放大电路、信号源及负载三部分组成。其输入端接信号源，输出端接负载。

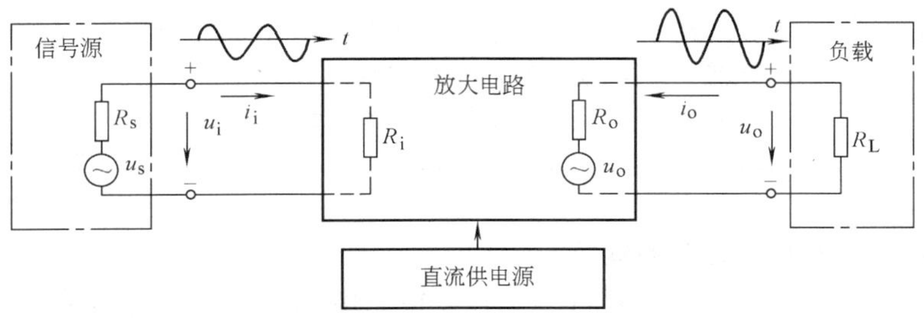

图 4-1　放大电路的基本结构

注意：图 4-1 中的负载电阻 R_L 并不一定是一个实际的电阻器，它可能是某种用电设备，如仪表、扬声器、显示器、继电器或下一级放大电路等。信号源也可能是一级放大电路，其中 u_s 为信号源电压，R_s 为信号源内阻。

2. 分类

放大电路的种类繁多，可按照不同的方式进行分类。

（1）按信号的大小分　有小信号放大器和大信号放大器。

（2）按所放大的信号频率分　有直流放大器、低频放大器和高频放大器。

（3）按晶体管的连接方式分　有共射极放大器、共集电极放大器和共基极放大器。

（4）按元件集约程度来分　有分立元件放大器和集成放大器等。

本章着重介绍的是低频小信号共射极基本放大电路。

二、共射极基本放大电路的组成和工作原理

1. 电路组成

图 4-2 所示为应用最广的共射极基本放大电路。信号从 1—1′端输入，从 2—2′端输出，1′端和 2′端是输入和输出的公共端，共射极放大电路因发射极是输入回路和输出回路的公共端而得名。

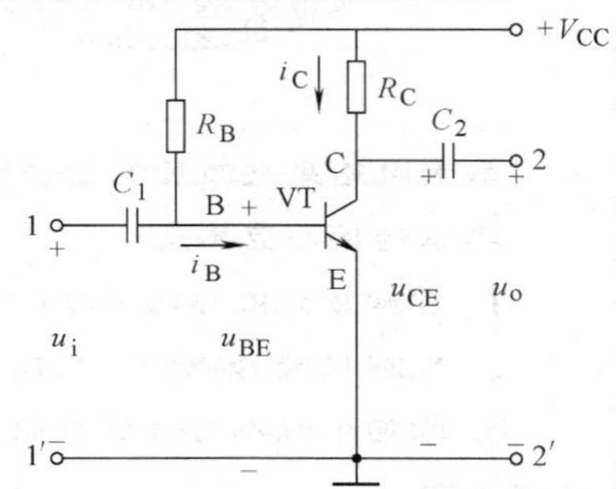

图 4-2　共射极基本放大电路

图 4-2 中各元器件的作用见表 4-1。

表 4-1　共射极基本放大电路中各元器件的作用

元件	名称	主 要 作 用
VT	晶体管	具有电流放大作用，可以将微小的基极电流转换成较大的集电极电流，它是放大器的核心
V_{CC}	直流电源	一是为电路提供能源；二是为电路提供工作电压
R_B	基极偏置电阻	为电路提供静态偏流 I_{BQ}，R_B 的阻值一般是几十至几百千欧之间
R_C	集电极电阻	将晶体管的电流放大作用变换成电压放大作用。R_C 的取值一般是几千欧至几十千欧
C_1、C_2	耦合电容	①隔断直流电流，使晶体管中的直流电流不影响输入端之前的信号源，也不影响输出端之后的负载 ②导通交流电流，当 C_1、C_2 的电容量足够大时，它们对交流信号呈现的容抗很小，可近似看作短路，这样可使交流信号顺利地通过 一般情况下，C_1、C_2 的电容量约为几微法至几十微法

2. 电压、电流符号及正方向的规定

在没有信号输入时，放大电路中晶体管各电极的电压、电流均为直流。当有信号输入时，电路中两个电源（直流电源和信号源）共同作用，电路中的电压和电流是两个电源单独作用时产生的电压、电流的叠加量（即直流分量与交流分量的叠加）。为了清楚地表示不同的物理量，本书将电路中出现的有关电量的符号列举出来，见表 4-2。

电压的正方向用“+”、“-”表示，电流的正方向用箭头表示。

表 4-2　电压、电流符号的规定

物理量	表示符号
直流量	用大写字母带大写下标表示，如：I_B、I_C、I_E、U_{BE}、U_{CE}
交流量	用小写字母带小写下标表示，如：i_b、i_c、i_e、u_{be}、u_{ce}、u_i、u_o
交直流叠加量	用小写字母带大写下标表示，如：i_B、i_C、i_E、u_{BE}、u_{CE}
交流分量的有效值	用大写字母带小写下标表示，如：I_b、I_c、I_e、U_{be}、U_{ce}

3. 静态工作点的设置

（1）静态工作点　所谓静态指的是放大器在没有交流信号输入（即 $u_i=0$）时的工作状态。这时晶体管的 I_B、I_C、U_{BE} 和 U_{CE} 值叫静态值。静态值分别在输入、输出特性曲线上对应着一点 Q，如图 4-3 所示，该点称为静态工作点，或简称 Q 点。由于 U_{BE} 基本是恒定的，所以在讨论静态工作点时主要考虑 I_B、I_C 和 U_{CE} 三个量，并分别用 I_{BQ}、I_{CQ} 和 U_{CEQ} 表示。

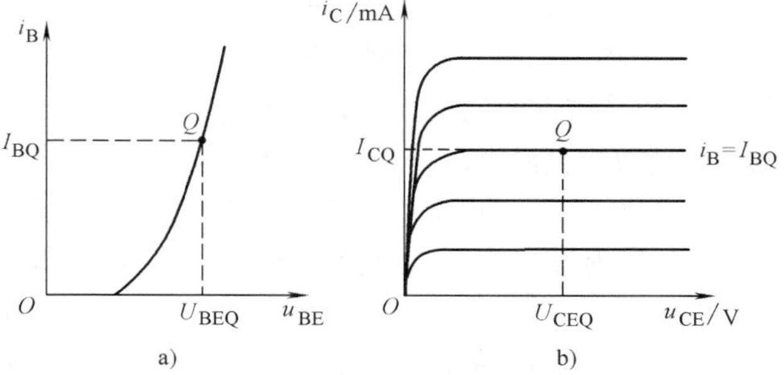

图 4-3　静态工作点
a）输入特性曲线上的 Q 点
b）输出特性曲线上的 Q 点

（2）静态工作点的作用　若把基极电阻 R_B 断开，晶体管发射结无偏置电压，即 $U_{BEQ}=0$，这时，偏置电流 $I_{BQ}=0$，$I_{CQ}=0$，静态工作点在坐标原点。当 u_i 在正半周期时，晶体管发射结正向偏置，但由于晶体管的输入特性曲线存在死区，所以只有当输入信号电压超过死区电压时，晶体管才能导通，产生基极电流 i_B；当输入信号电压 u_i 在负半周期时，发射结反向偏置，晶体管截止，$i_B=0$，如图 4-4 所示。这时 i_B 波形与输入电压波形 u_i 不同，发生了失真。

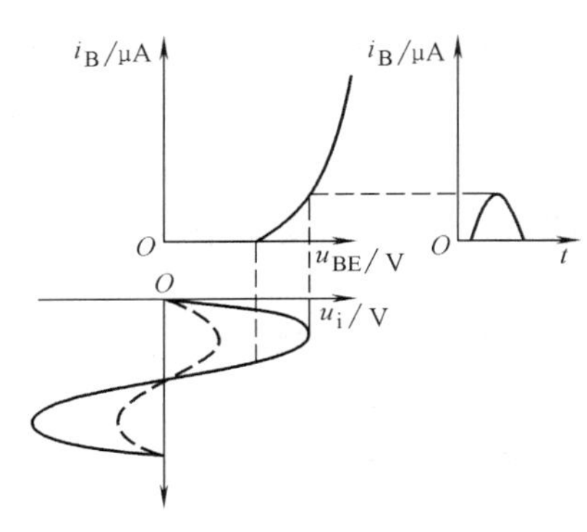

图 4-4　无偏置电阻时 u_{BE} 和 i_B 的工作波形

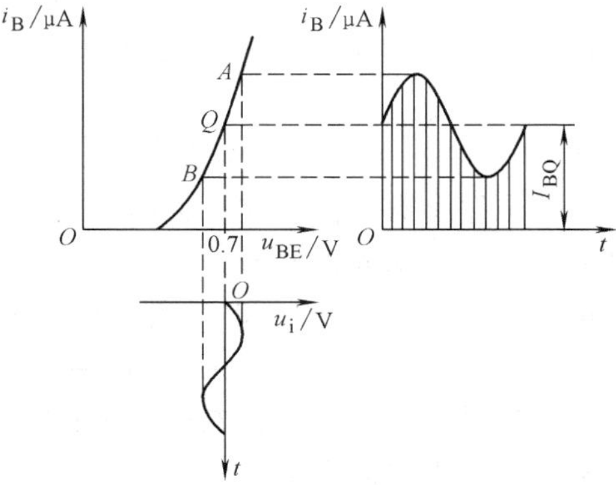

图 4-5　静态工作点合适时 u_{BE} 和 i_B 的工作波形

接上基极电阻 R_B，若设置了合适的静态工作点，当输入信号电压 u_i 后，u_i 与静态时

U_{BEQ}相叠加，并作为发射结两端的电压，若该电压始终大于晶体管的死区电压，那么在输入电压的整个周期内晶体管始终处于导通状态，即随输入电压 u_i 的变化均有基极电流，这样，使放大器能不失真地把输入信号得到放大，如图 4-5 所示。

由此可见，一个放大器必须设置合适的静态工作点，这是放大器能不失真地放大交流信号的基本条件。

4. 工作原理

上面讨论了共射极基本放大电路的组成及各元器件的作用，明确了设置静态工作点的作用。下面讨论一下共射极基本放大电路的工作原理，即给放大器输入一个交流信号电压，经放大器放大输出后信号的变化情况。

1）当输入信号 $u_i=0$ 时，输出信号 $u_o=0$。这时在直流电源电压 V_{CC}作用下通过 R_B 产生了 I_{BQ}，经晶体管的电流放大，转换为 I_{CQ}，I_{CQ}通过 R_C 在 C-E 极间产生了 U_{CEQ}。其中，I_{BQ}、I_{CQ}、U_{CEQ}均为直流量，即静态工作点。

2）若输入信号电压 u_i，即 $u_i\neq0$ 时，称为动态。输入信号 u_i 通过电容 C_1 被送到晶体管的基极和发射极之间，与直流电压 U_{BEQ}叠加，这时基极总电压为

$$u_{BE}=U_{BEQ}+u_i$$

这里所加的 u_i 为低频小信号，工作点在输入特性曲线线性区域移动，电压和电流近似为线性关系。在 u_i 的作用下产生基极电流 i_b，这时基极总电流为

$$i_B=I_{BQ}+i_b$$

i_B 经晶体管的电流放大，这时集电极总电流为

$$i_C=I_{CQ}+i_c$$

i_C 在集电极电阻 R_C 上产生电压降 i_CR_C（为了便于分析，假设放大电路为空载），使集电极电压 $u_{CE}=V_{CC}-i_CR_C$

经变换：
$$u_{CE}=U_{CEQ}+(-i_cR_C)$$

即
$$u_{CE}=U_{CEQ}+u_{ce}$$

由于电容 C_2 的隔直作用，在放大器的输出端只有交流分量 u_{ce}输出，输出的交流电压为

$$u_o=u_{ce}=-i_cR_C$$

式中，“－”号表示输出交流电压 u_o 与 i_c 相位相反。

只要电路参数能使晶体管工作在放大区，且 R_C 足够大，则 u_o 的变化幅度将比 u_i 变化幅度大很多倍，由此说明该放大器对 u_i 进行了放大。

电路中，u_{BE}、i_B、i_C 和 u_{CE}都是随 u_i 的变化而变化，它的变化作用顺序如下：

$$u_i\rightarrow u_{BE}\rightarrow i_B\rightarrow i_C\rightarrow u_{CE}\rightarrow u_o$$

放大器动态工作时，各电极电压和电流的工作波形，如图 4-6 所示。

从工作波形可以看出：

1）输出电压 u_o 的幅度比输入电压 u_i 的幅度大，说明放大器实现了电压放大作用。u_i、i_b、i_c 三者频率相同，相位相同，而 u_o 与 u_i 相位相反，这叫做共射极放大器的“倒相”作用。

2）动态时，u_{BE}、i_B、i_C、u_{CE}都是直流分量和交流分量的叠加，波形也是两种分量的合成。

3）虽然动态时各部分电压和电流大小随时间变化，但方向却始终保持和静态时一致，所以静态工作点 I_{BQ}、I_{CQ}、U_{CEQ}是交流放大的基础。

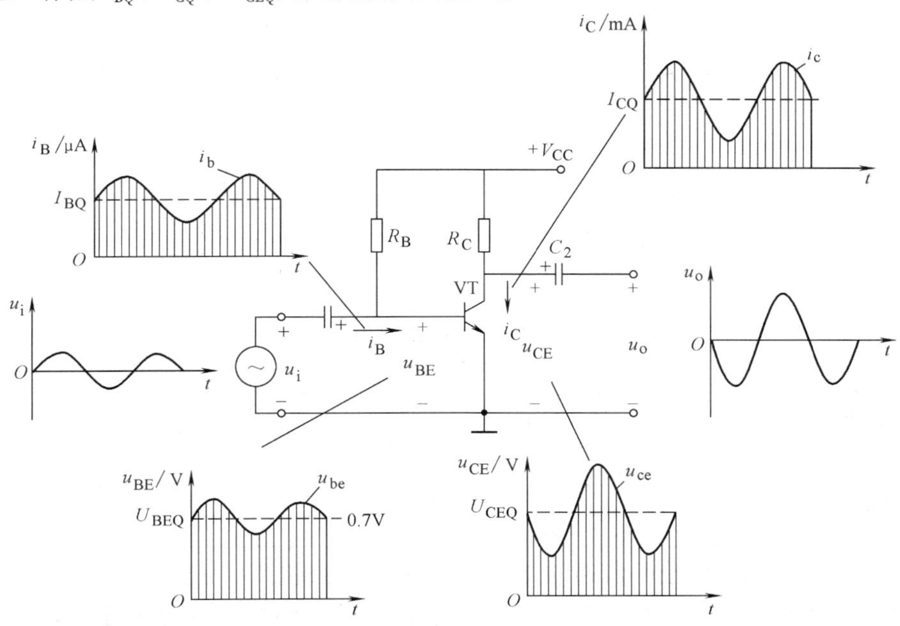

图 4-6　共射极基本放大电路各极电压、电流工作波形

注意：这里所讲的电压放大作用是一种能量转换作用，即在很小的输入功率控制下，将电源的直流功率转变成了较大的输出功率，放大器的输出功率比输入功率大。虽然升压变压器可以增大电压幅度，但由于它的输出功率总比输入功率小，因此不能称它为放大器。

三、共射极基本放大电路的分析

1. 近似估算法

已知电路各元器件的参数，利用公式通过近似计算来分析放大器性能的方法称为近似估算法。在分析低频小信号放大器时，一般采用估算法较为简便。

当放大器输入交流信号后，放大器中同时存在着直流分量和交流分量两种成分。由于放大器中通常都存在电抗性元件，所以直流分量和交流分量的通路是不一样的。在进行电路分析和计算时注意把两种不同分量作用下的通路区别开来，这样将使电路的分析更方便。

（1）静态工作点　由于静态时只研究直流，为方便起见，可根据直流通路进行分析。

所谓直流通路是指直流信号流通的路径。因电容具有隔直作用，所以在画直流通路时，把电容看作断路，图 4-7b 所示为共射极基本放大电路的直流通路。

由直流通路可推导出有关近似估算静态工作点的公式，见表 4-3。

（2）放大器的输入电阻、输出电阻和电压放大倍数　由于输入、输出电阻及电压放大倍数均反映的是交流分量的关系，为了方便计算，只需画交流通路来进行分析。

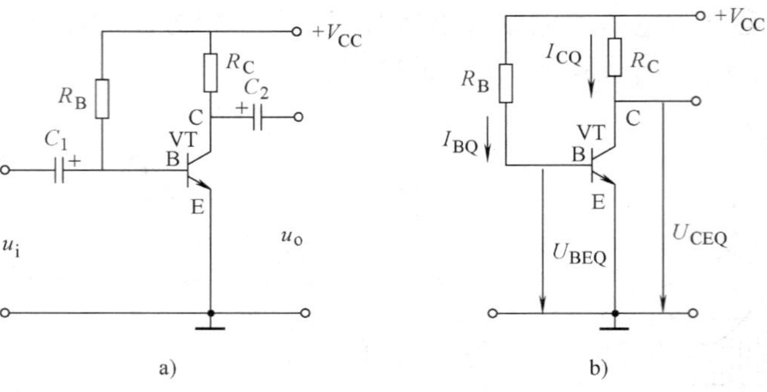

图 4-7　共射极基本放大电路

a）放大电路　b）直流通路

表 4-3　近似估算静态工作点

静态工作点		说　　明
基极偏置电流	$I_{BQ}=\dfrac{V_{CC}-U_{BEQ}}{R_B}\approx\dfrac{V_{CC}}{R_B}$	晶体管 U_{BEQ}很小（硅管为 0.7V，锗管为 0.3V），与 V_{CC}相比可忽略不计
静态集电极电流	$I_{CQ}\approx\beta I_{BQ}$	根据晶体管的电流放大原理
静态集电极电压	$U_{CEQ}=V_{CC}-I_{CQ}R_C$	根据回路电压定律

所谓交流通路是指交流信号流通的路径。在画交流通路时，因电容通交流，而直流电源的内阻又很小，所以把电容和直流电源都视为交流短路。图 4-8 所示为共射极基本放大电路的交流通路。

1）输入电阻 R_i：放大器的输入电阻是指从放大器的输入端看进去的交流等效电阻。

晶体管的基极与发射极间的电阻可等效为 r_{be}，其大小按经验公式进行估算，即

$$r_{be}=300+(1+\beta)\frac{26}{I_{EQ}}$$

其中，I_{EQ}为静态时发射极电流，单位为 mA。一般情况下，r_{be}约为 1kΩ。

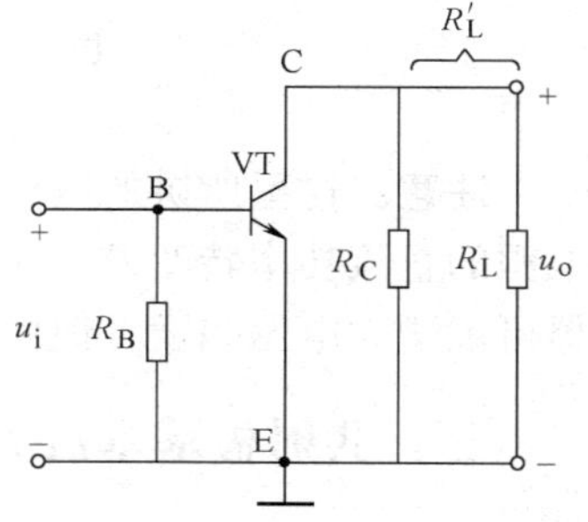

图 4-8　放大电路的交流通路

通常情况下，放大器的输入电阻约等于 r_{be}，即

$$R_i\approx r_{be}$$

对信号源来说，放大器是其负载，输入电阻 R_i 表示信号源的负载电阻。一般情况下，希望放大器的输入电阻尽可能大些，这样，向信号源（或前一级电路）汲取的电流比较小，有利于减轻信号源的负担。

2）输出电阻 R_o：对负载来说，放大器又相当于一个具有内阻的信号源，这个内阻就是放大电路的输出电阻。

当负载发生变化时，输出电压发生相应的变化，放大器的带负载能力差。因此，为了提高放大电路的带载能力，应设法降低放大电路的输出电阻。

通过交流通路分析可以得出，输出电阻的大小为

$$R_o\approx R_C$$

3）电压放大倍数 A_u：所谓电压放大倍数是指输出电压 u_o 与输入电压 u_i 之比，即

$$A_u=\frac{u_o}{u_i}$$

通过交流通路，可推出空载时的电压放大倍数为

$$A_u=-\frac{\beta R_C}{r_{be}}$$

有载时的电压放大倍数为

$$A_u=-\frac{\beta R_L'}{r_{be}}$$

其中 $R_L'=R_C//R_L=\dfrac{R_C R_L}{R_C+R_L}$

例1 在共射极基本放大电路中，设 $V_{CC}=12V$，$R_B=300k\Omega$，$R_C=2k\Omega$，$\beta=50$，$R_L=2k\Omega$。试求静态工作点、输入电阻 R_i、输出电阻 R_o 及空载与有载两种情况下的电压放大倍数。

解 （1）静态工作点 静态偏置电流为

$$I_{BQ}\approx\frac{V_{CC}}{R_B}=\frac{12}{300\times10^3}A=0.04mA=40\mu A$$

静态集电极电流为

$$I_{CQ}\approx\beta I_{BQ}=50\times0.04\mu A=2mA$$

静态集电极电压为

$$U_{CEQ}=V_{CC}-I_{CQ}R_C=(12-2\times2)V=8V$$

（2）晶体管的交流输入电阻为

$$r_{be}=300\Omega+(1+\beta)\frac{26}{I_{EQ}}\Omega=300\Omega+(1+50)\frac{26}{2}\Omega=950\Omega\approx0.95k\Omega$$

放大器的输入电阻为

$$R_i\approx r_{be}=0.95k\Omega$$

放大器的输出电阻为

$$R_o\approx R_C=2k\Omega$$

（3）空载时，放大器的电压放大倍数为

$$A_u=-\frac{\beta R_C}{r_{be}}=-\frac{50\times2}{0.95}\approx-106$$

（4）有载时，等效负载电阻为

$$R_L'=\frac{R_C R_L}{R_C+R_L}=1k\Omega$$

放大器的电压放大倍数为

$$A_u=-\frac{\beta R_L'}{r_{be}}=-\frac{50\times1}{0.95}\approx-53$$

2. 图解法

图解法是指利用晶体管的输入、输出特性曲线，通过作图来分析放大电路性能的一种方法。

（1）静态工作点　图解分析放大电路静态工作点的具体步骤如下：

1）由直流输入回路，利用近似估算法可求得：

$$I_{BQ} \approx \frac{V_{CC}}{R_B}$$

2）列出直流输出回路中关于 I_C 与 U_{CE} 的线性方程式，即 $I_C = (V_{CC} - U_{CE})/R_C$。

3）画出直流负载线，直流负载线的斜率为 $1/R_C$。

4）确定静态工作点。直流负载线与 I_{BQ} 所在输出特性曲线的交点即为静态工作点 Q。

如图 4-9 所示，直线 MN 为直流负载线，Q 点为静态工作点。

（2）动态工作情况　由交流通路可知 $u_{ce} = -i_c R_L'$，这是一直线方程，直线的斜率为 $-1/R_L'$，该直线叫做交流负载线。

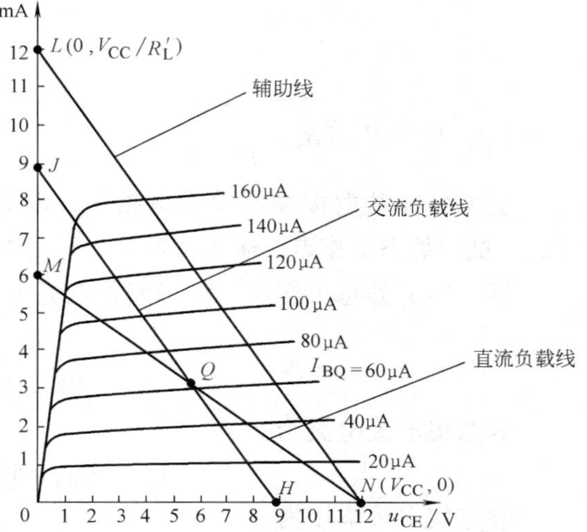

图 4-9　图解分析放大器的交流负载线

交流负载线的作法如下：

1）作出交流负载线的辅助线。辅助线与横轴的交点坐标为 N（V_{CC}，0），与纵轴的交点坐标为 L（0，V_{CC}/R_L'），如图 4-9 所示。

2）过 Q 点作辅助线的平行线，即为交流负载线 HJ。

静态工作点 Q 是指无信号输入时的工作点，也可以理解为输入信号为零时的动态工作点，所以放大器的交流负载线经过静态工作点。

利用图解法分析动态工作情况的具体步骤如下：

①作出直流负载线并确定静态工作点。

②过静态工作点作交流负载线。

③已知输入电压 $u_i = U_{im}\sin\omega t$，在输入特性曲线上，u_{BE} 将以 U_{BEQ} 为基础，随 u_i 的变化而变化，如图 4-10 所示。可见，对应的基极电流 i_B 也将以 I_{BQ} 为基础而变化，在最大基极电流 I_{bmax} 和最小基极电流 I_{bmin} 之间变化。

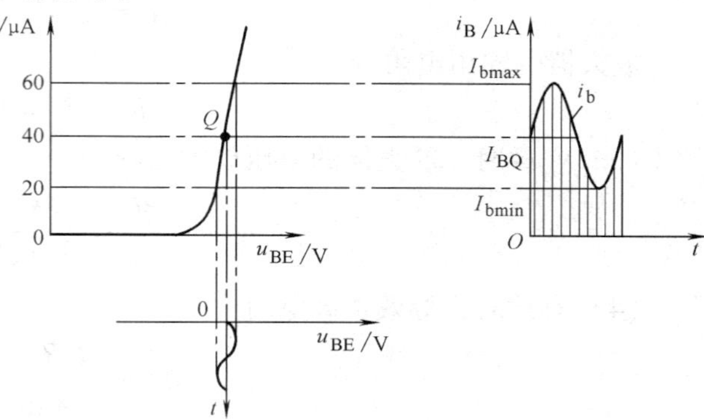

图 4-10　放大器输入特性图解分析

④在输出特性曲线上找出 I_{BQ} 及 I_{bmin} 和 I_{bmax} 对应的特性曲线和交流负载线的交点 Q、Q'、Q''，可得到相对应的集电极电流 i_C 的动态范围及集电极与发射极间电压 u_{CE} 的动态范围，如图 4-11 所示。

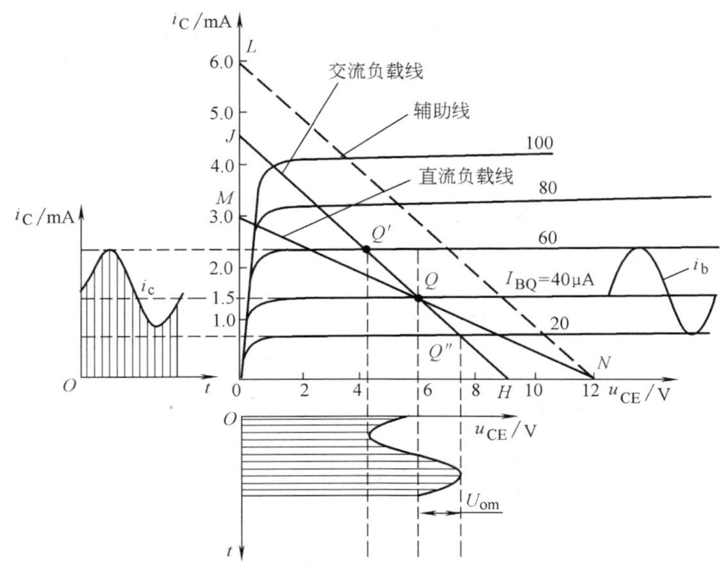

图 4-11 放大器输出特性图解分析

⑤求电压放大倍数。根据输入交流电压 U_{im}，再由图 4-11 求出输出电压 U_{om}。

根据电压放大倍数的定义可求出：

$$A_u = \frac{U_{om}}{U_{im}}$$

由图解分析可知：u_o 与 u_i 相位相反。

（3）波形失真与静态工作点的关系

1）静态工作点偏高易引起饱和失真。

当输出信号波形负半周期被部分削平时的失真现象叫“饱和失真”。

产生饱和失真的原因是 Q 点偏高。如图 4-12 所示，若放大电路的静态工作点在 Q'点，此时输入信号的正半周期有一部分进入饱和区，这将使输出信号的负半周期被部分削平。

消除失真的方法是：增大 R_B，减小 I_{BQ}，使 Q 点适当下移。

2）静态工作点偏低易引起截止失真。

当输出信号的正半周期被部分削平时的失真现象叫做“截止失真”。

产生截止失真的原因是 Q 点偏低。如图 4-12 所示，若放大电路的静态工作点在 Q''点，此时输入信号电压负半周期有一部分进入截止区，这将使输出信号正半周期被部分削平。

消除截止失真的方法是：减小 R_B，增大 I_{BQ}，使 Q 点适当上移。

饱和失真和截止失真分别是因为工作点进入饱和区和截止区（非线性区）而发生的失真。所以饱和失真和截止失真统称为“非线性失真”。

由上分析可知，静态工作点的位置对放大器的性能和输出波形都有很大影响。如果静态工作点偏高，放大器在加入交流信号以后容易产生饱和失真，此时 u_o 的负半周期将被削底；如果静态工作点偏低，则易产生截止失真，即 u_o 的正半周期将被削顶。这两种情况都不符合不失真放大的要求。若需满足较大信号幅度的要求，静态工作点最好尽量靠近交流负载线的中点。

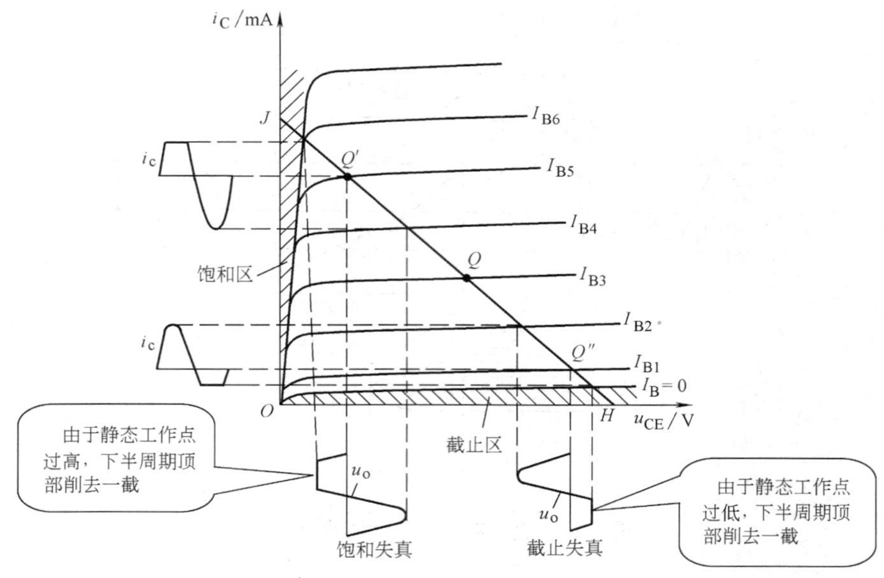

图 4-12　波形失真与静态工作点的关系

技能训练 7　共射极基本放大电路的安装和测试

一、训练目的

1）掌握共射极基本放大电路的电路组成及各元器件的作用。

2）能够进行静态工作点的调试，分析静态工作点对放大器性能的影响。

3）掌握共射极基本放大电路放大倍数、输入电阻和输出电阻的测量方法。

二、训练器材

（1）工具　电烙铁、焊料及常用无线电装配工具一套。

（2）仪表　+6V 的稳压电源、万用表、交流毫伏表、信号发生器和示波器。

（3）元器件　本技能训练所需元器件见表 4-4。

表 4-4　所需元器件

序号	名称		规格	数量
1	晶体管 VT		VT9013	1 只
2	电位器 RP		2.2MΩ	1 只
3	电阻器	R_B	47kΩ	1 只
		R_C、R_L	2kΩ/0.25W	2 只
		R	1kΩ	1 只
4	电解电容 C_1、C_2		10μF/25V	2 只
5	开关 S		单刀单掷	1 台
6	实验板		—	1 块

（4）测试电路 图 4-13 所示为共射极基本放大电路。

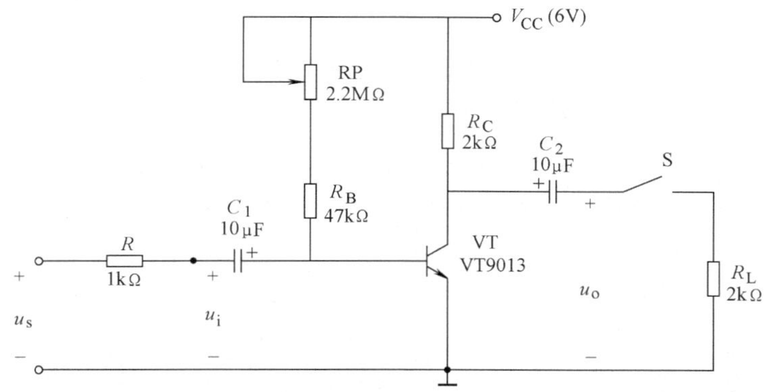

图 4-13 共射极基本放大电路

三、训练内容及步骤

1. 清点、检测元器件并对元器件进行搪锡处理

1）按表 4-4 核对元器件的数量、型号和规格，如有短缺、差错应及时补缺和更换。

2）用万用表检测电路元器件，对不符合质量要求的元器件剔除并更换。

3）清除元器件引脚上和实验板上的氧化层，并搪锡。

2. 按图 4-13 所示进行组装

准备常用的无线电装配工具，将元器件插装后焊接固定，用硬铜线根据电路图进行布线，最后进行焊接固定，组装好的电路板如图 4-14 所示。其焊接面如图 4-15 所示。

图 4-14 共射极基本放大电路的电路板

1—电源 2—输入端 3—输出端 4—接地端

3. 电路的测试

（1）静态工作点的调整和测量　接通电源前，先将 RP 调至最大，信号发生器输出旋钮旋至零。

断开信号源，将开关 S 合上，调节 RP。用万用表测量共射极基本放大电路有载时的静态工作点，把测量结果和计算的数值填入表 4-5。

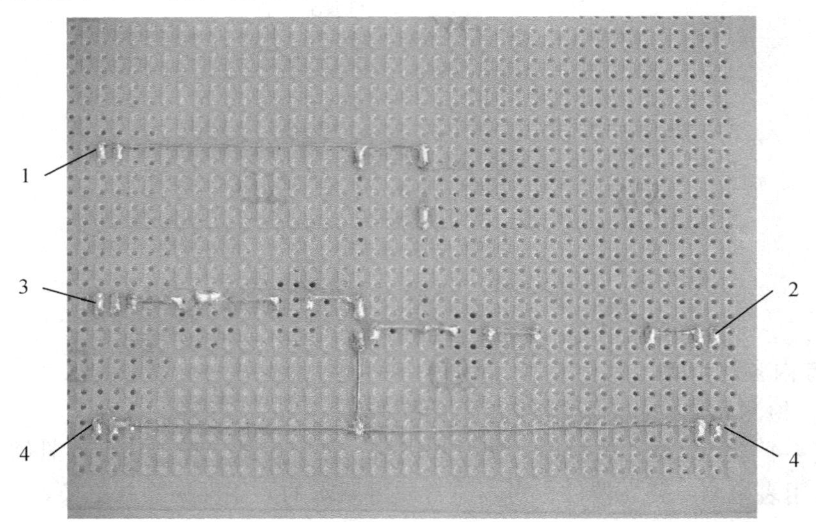

图 4-15　共射极基本放大电路的焊接面

1—电源　2—输入端　3—输出端　4—接地端

表 4-5　静态工作点测试记录

测量值				计算值			
U_{BE}/V	U_{CE}/V	I_B/μA	I_C/mA	U_{BE}/V	U_{CE}/V	I_B/μA	I_C/mA

（2）测量放大器的电压放大倍数　在放大器的输入端输入频率为 1kHz 的正弦信号 u_s，调节信号发生器的输出旋钮，使 $U_{im}=10$mV，同时用示波器观察放大器输出电压 u_o 的波形，在输出电压波形不失真的条件下，用晶体管毫伏表测量此时的输入电压 U_{im} 和输出电压 U_{om} 的值，填入表 4-6 中。然后改变输入电压分别为 8mV、6mV、4mV 左右，分别用晶体管毫伏表测量对应的电压 U_{om} 值，也填入表 4-6 中，然后计算电压放大倍数 A_U，用示波器观察 u_o 和 u_i 的相位关系。

表 4-6　电压放大倍数测试记录

测量次数	1	2	3	4	观察记录一组 u_o 与 u_i 波形
U_{im}/mV	10	8	6	4	
U_{om}/mV					
A_U（U_{om}/U_{im}）					

（3）测量输入电阻和输出电阻　为了测量放大器的输入电阻，在放大器的输入端与信

号源之间串入一个已知电阻 R，如图 4-16 所示。在放大器正常工作的情况下，用晶体管毫伏表测出信号源输出电压 U_{sm}及放大器输入端电压 U_{im}，根据输入电阻的定义可得：

$$R_i = \frac{U_{im}}{U_{sm} - U_{im}}R$$

放大器的输出电阻也可以通过测量的方法得到，如图 4-17 所示。在放大电路正常工作的条件下，测得将开关 S 断开（输出端不接负载 R_L）时的输出电压 U_{om}和将开关 S 合上（输出端接负载 R_L）后的输出电压 U_{Lm}，那么电路的输出电阻 R_o 为

$$R_o = \left(\frac{U_{om}}{U_{Lm}} - 1\right)R_L$$

置 $R_c = 2\text{k}\Omega$，$R_L = 2\text{k}\Omega$，$I_c = 2.0\text{mA}$。输入频率为 1kHz 的正弦信号 u_s，在输出电压不失真的情况下，用晶体管毫伏表测得 U_{sm}、U_{im}、U_{om}和 U_{Lm}，记入表 4-7 中，计算输入电阻和输出电阻。

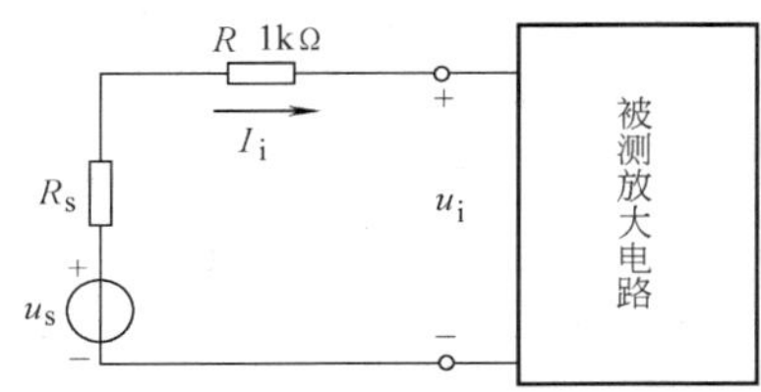

图 4-16　输入电阻的测量

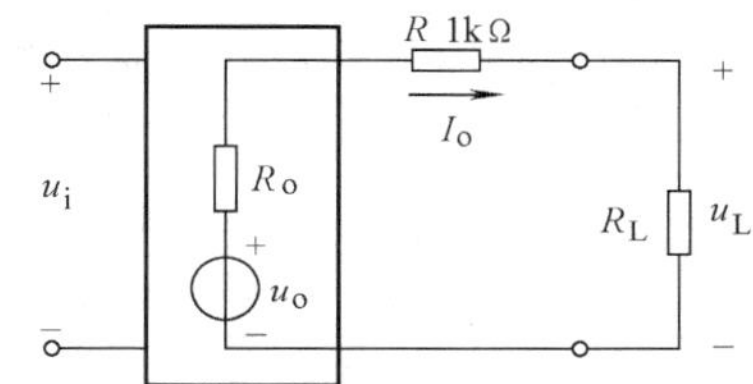

图 4-17　输出电阻的测量

表 4-7　输入、输出电阻测试记录

U_{sm}/mV	U_{im}/mV	R_i/kΩ		U_{om}/V	U_{Lm}/V	R_o/kΩ	
		测量值	计算值			测量值	计算值

（4）观察静态工作点对输出波形的影响　调节电位器 RP（减小其电阻值），用示波器观察输出波形。调节到一定程度，若波形的底部被削平，电路出现饱和失真现象。同样，调节电位器 RP（增大其电阻值），用示波器观察到截止失真的现象，波形的顶部被削平。记录输出波形的正常形状和两种失真情况下输出波形的形状，见表 4-8。

表 4-8　静态工作点对输出波形的影响情况记录

输出波形的正常形状	失真输出波形的形状	
	饱和失真现象	截止失真现象

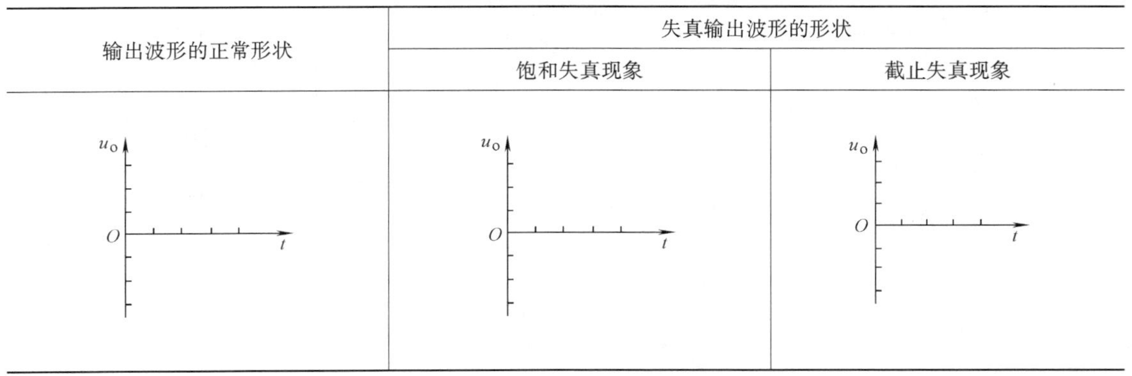

四、训练评分标准

本技能训练评分标准见表4-9。

表4-9 评分标准

内容	要求	配分	评分标准	扣分	得分
元器件检测	元器件完好、无损坏	15分	每处错误扣3分		
电路安装	电路安装正确、完整	15分	电路安装不正确每处扣5分		
	布局层次合理，主次分明	10分	每处不符合扣3分		
	接线规范，布线美观，横平竖直	5分	每处不符合扣1分		
	排列整齐	5分	不整齐扣3~5分		
	按图焊接，接线牢固，无虚焊、漏焊，焊点光滑、无毛刺	10分	焊点粗糙扣3~5分，虚焊、漏焊，每处扣除3~5分		
静态工作点的测量	能正确使用万用表测量静态工作点	10分	每处错误扣5分		
动态参数的测量	正确使用晶体管毫伏表测量并计算A_u、R_i、R_o	10分	每处错误扣3分		
失真波形观察	正确使用示波器分别观察饱和失真和截止失真的输出电压波形	10分	每处错误扣2分		
安全生产	安全、文明操作	10分	有违反者扣10分		

第二节 分压式偏置电路

共射极基本放大电路的结构虽简单，但它最大的缺点是静态工作点不够稳定，当环境温度变化、电源电压波动，更换晶体管时都会使静态工作点偏离原来的位置，从而使输出信号发生非线性失真，严重时会使放大器不能正常工作。静态工作点不稳定的各种因素中，温度是主要因素。

当温度变化时，要保持静态工作点稳定不变，可采用分压式偏置电路。

图4-18a所示为分压式偏置电路。下面来讨论这种电路的结构特点和工作原理。

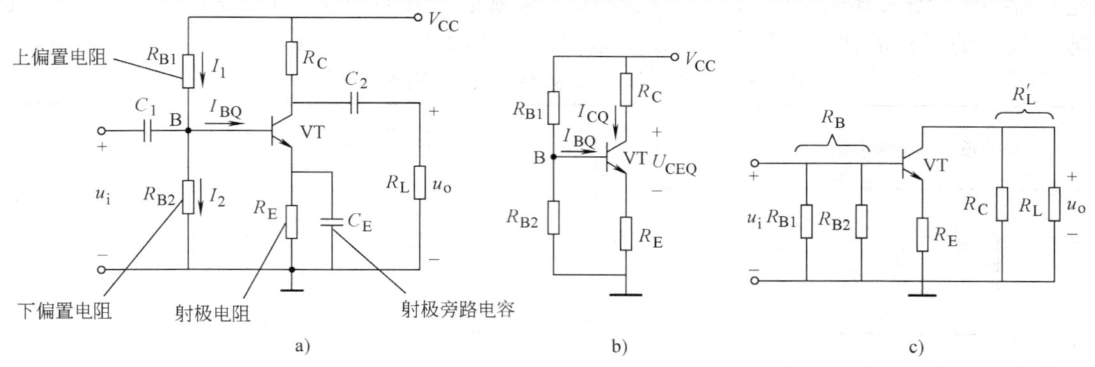

图4-18 分压式偏置电路

a）分压式偏置电路 b）直流通路 c）交流通路

一、电路的结构特点

与前面介绍的共射极基本放大电路的区别在于：晶体管基极接了两个分压电阻 R_{B1} 和 R_{B2}，发射极串联了电阻 R_E 和电容器 C_E。因此，这一电路具有以下结构特点：

1）利用上偏置电阻 R_{B1} 和下偏置电阻 R_{B2} 组成串联分压电路，为基极提供稳定的静态工作电压 U_{BQ}。

图 4-18b 所示为分压式偏置电路的直流通路。

若流过 R_{B1} 的电流为 I_1，流过 R_{B2} 的电流为 I_2，则有 $I_1=I_2+I_{BQ}$。

若电路满足条件：$I_2>>I_{BQ}$，则基极电压为

$$U_{BQ}\approx\frac{R_{B2}}{R_{B1}+R_{B2}}V_{CC}$$

由此可见，U_{BQ} 只取决于 V_{CC}、R_{B1} 和 R_{B2}，它们都不随温度的变化而变化，所以 U_{BQ} 将稳定不变。

2）利用发射极电阻 R_E，自动使静态电流 I_{EQ} 稳定不变。

由直流通路可看出：$U_{BQ}=U_{BEQ}+U_{EQ}$，U_{EQ} 为发射极电阻 R_E 上的电压。

若电路满足条件：$U_{BQ}>>U_{BEQ}$，则有：

$$I_{EQ}\approx\frac{U_{BQ}}{R_E}$$

由此可见，静态电流 I_{EQ} 也是稳定不变的。

综上所述，如果电路能满足 $I_2>>I_{BQ}$ 和 $U_{BQ}>>U_{BEQ}$ 两个条件，那么，静态工作电压 U_{BQ}、静态工作电流 I_{EQ}（或 I_{CQ}）将主要由外电路参数 V_{CC}、R_{B1} 和 R_{B2} 和 R_E 决定，与环境温度、晶体管的参数几乎无关。

二、静态工作点的估算

通过直流通路可求出电路的静态工作点见表 4-10。

表 4-10 静态工作点的求解公式

静态工作点		说　明
静态基极电位	$U_{BQ}\approx\frac{R_{B2}}{R_{B1}+R_{B2}}V_{CC}$	因为 $I_2>>I_{BQ}$
静态发射极电流	$I_{EQ}\approx\frac{U_{BQ}}{R_E}$	因为 $U_{BQ}>>U_{BEQ}$
静态集电极电流	$I_{CQ}\approx I_{EQ}$	集电极电流 I_{CQ} 和发射极电流 I_{EQ} 相差不大
静态偏置电流	$I_{BQ}=\frac{I_{CQ}}{\beta}$	根据晶体管电流放大原理 $I_{CQ}=\beta I_{BQ}$
静态集电极电压	$U_{CEQ}=V_{CC}-I_{CQ}(R_C+R_E)$	根据回路电压定律

三、输入、输出电阻和电压放大倍数的估算

图 4-18c 所示为分压式偏置电路的交流通路，交流通路与共射极基本放大电路的交流通

路相似，等效电路也相似，其中 $R_B=R_{B1}//R_{B2}$。所以，输入电阻、输出电阻和电压放大倍数的估算公式完全相同。

例 2 在图 4-18a 中，若 $R_{B1}=7.6\text{k}\Omega$，$R_{B2}=2.4\text{k}\Omega$，$R_C=2\text{k}\Omega$，$R_L=4\text{k}\Omega$，$R_E=1\text{k}\Omega$，$V_{CC}=12\text{V}$，晶体管的 $\beta=60$。试求：（1）放大电路的静态工作点；（2）放大电路的输入电阻 R_i、输出电阻 R_o 及电压放大倍数 A_{uL}。

解 (1)静态工作点的计算 基极电压为

$$U_{BQ}\approx\frac{R_{B2}}{R_{B1}+R_{B2}}V_{CC}=\frac{2.4\times12}{2.4+7.6}\text{V}=2.88\text{V}$$

静态集电极电流

$$I_{CQ}\approx I_{EQ}=\frac{U_{BQ}}{R_E}=\frac{2.88}{1\times10^3}\text{A}=2.88\text{mA}$$

静态偏置电流

$$I_{BQ}=\frac{I_{CQ}}{\beta}=\frac{2.88}{60}\text{mA}\approx36\mu\text{A}$$

静态集电极电压

$$U_{CEQ}=V_{CC}-I_{CQ}(R_C+R_E)=12\text{V}-2.88\times(1+2)\text{V}=3.36\text{V}$$

(2)

$$r_{be}=300+(1+\beta)\frac{26}{I_{EQ}}=300\Omega+(1+60)\frac{26}{2.88}\Omega\approx850\Omega=0.85\text{k}\Omega$$

放大器的输入电阻 $R_i\approx r_{be}=0.85\text{k}\Omega$

放大器的输出电阻 $R_o\approx R_C=2\text{k}\Omega$

放大器的电压放大倍数

$$A_{uL}=-\frac{\beta R_L'}{r_{be}}$$

其中

$$R_L'=\frac{R_C R_L}{R_C+R_L}=\frac{2\times4}{2+4}\text{k}\Omega=1.33\text{k}\Omega$$

$$A_{uL}=-\frac{\beta R_L'}{r_{be}}=-\frac{60\times1.33}{0.85}\approx-94$$

分压式偏置电路的静态工作点稳定性好，对交流信号基本无削弱作用。如果放大电路满足 $I_2>>I_{BQ}$ 和 $U_{BQ}>>U_{BEQ}$ 两个条件，那么静态工作点将主要由直流电源和电路参数决定，与晶体管的参数几乎无关。在更换晶体管时，不必重新调整静态工作点，这给维修工作带来了很大方便。因此，分压式偏置电路在电气设备中得到了非常广泛的应用。

第三节 多级放大电路

在实际应用中，要把一个微弱的信号放大几千倍或几万倍甚至更大，仅靠单级放大电路是不够的，通常需要把若干单级放大电路连接起来，将信号进行逐级放大。多级放大电路主要由输入级、中间级及输出级三部分组成，如图 4-19 所示。

各级放大电路之间的连接方式叫做“耦合”。放大电路级与级之间的耦合方式主要有阻容耦合、变压器耦合、直接耦合和光电耦合等四种。实际使用中应按照电路的不同需要，选择合适的级间耦合方式。

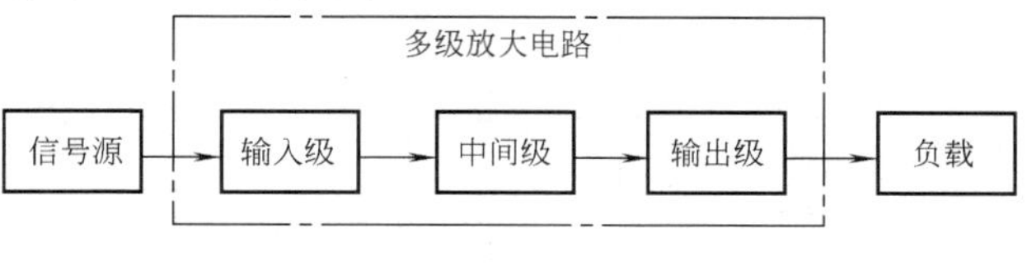

图 4-19 多级放大电路的组成

一、级间耦合方式

1. 阻容耦合

图 4-20 所示为阻容耦合放大电路。该电路用一只电容量足够大的电容 C 进行级间连接，传递交流信号，前、后两级放大器之间的直流被隔离，静态工作点彼此独立，互不影响，但这种耦合方式的低频特性不很好，不能用于直流放大器中，一般应用在低频电压放大电路中。

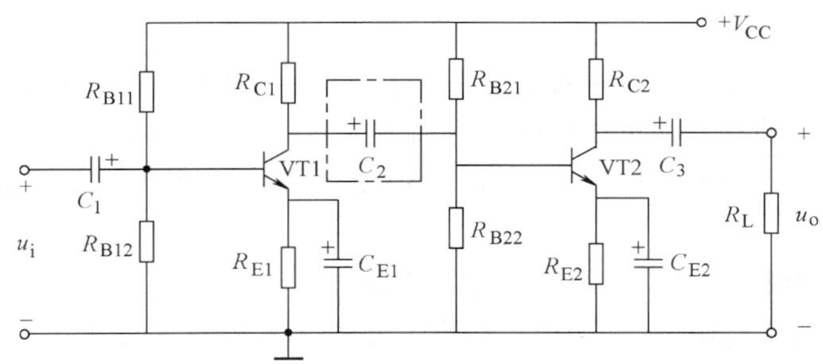

图 4-20 阻容耦合

2. 变压器耦合

图 4-21 所示为变压器耦合放大电路。该电路通过变压器进行级间连接，将前级输出的交流信号通过变压器耦合到后级，变压器能够隔离前、后级的直流联系，各级电路的静态工作点彼此独立，互不影响。同时，耦合变压器还具有阻抗变换的作用，有利于提高放大器的输出功率，但由于变压器的体积较大，低频特性差，又无法集成，因此变压器耦合一般应用于高频调谐放大器或功率放大器中。

3. 直接耦合

图 4-22 所示为直接耦合放大电路。该电路无耦合元器件，信号通过导线直接进行传递，可放大缓慢的直流信号，但前、后级的静态工作点互相影响，给电路的设计和调试增加了难度，但直流放大器必须采用这种耦合方式，直接耦合便于电路的集成化，因此广泛应用于集成电路中。

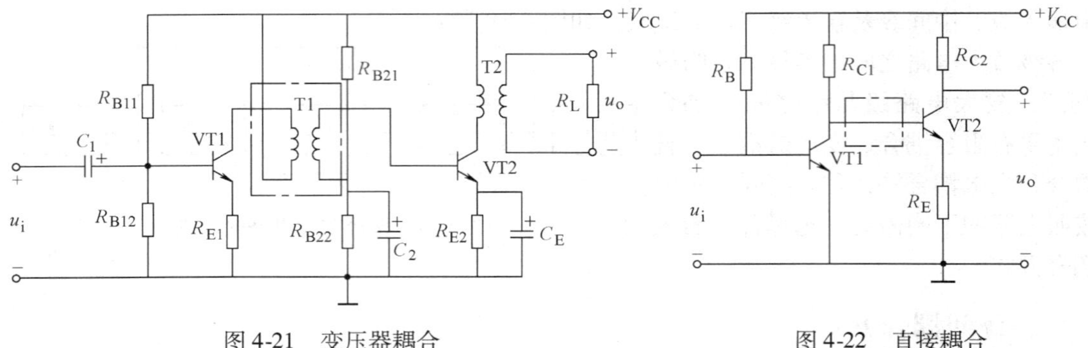

图 4-21 变压器耦合　　　　图 4-22 直接耦合

二、多级放大电路的估算

1. 估算多级放大电路的电压放大倍数 A_u

可以证明，多级放大电路的电压放大倍数 A_u 等于各级电压放大倍数之积，对于一个 n 级放大器有

$$A_u = A_{u1}A_{u2}\cdots A_{un}$$

其中，A_{u1}、A_{u2}和 A_{un}分别为第一级、第二级和第 n 级的电压放大倍数。

不过，要特别注意的是，这里所反映的各级放大倍数并不是孤立的，而是要考虑后级对前级的影响。在求每一个单级的放大倍数时，要考虑到下级放大器的输入电阻也是前级负载的一部分。

2. 估算多级放大电路的输入电阻 R_i 和输出电阻 R_o

多级放大电路的输入电阻 R_i 等于第一级放大器的输入电阻 R_{i1}，即

$$R_i = R_{i1}$$

多级放大电路的输出电阻 R_o 等于最后一级放大器的输出电阻 R_{on}，即

$$R_o = R_{on}$$

但计算输入、输出电阻时必须考虑级间的影响。

第四节　负反馈放大电路

在放大电路中，信号从输入端输入，经过放大器放大后从输出端送给负载，这是信号的正向传输。但在很多放大电路中，常将输出信号再反向传输到输入端，即反馈。本节重点介绍反馈的基本概念及交流负反馈对放大器性能的影响。

一、反馈的基本概念

1. 什么是反馈

放大器中的反馈是指把输出信号（电压或电流）的一部分或全部通过一定的电路，按照某种方式送回到输入端并与输入信号（电压或电流）相叠加，从而改善放大器性能的一种方法。这种把电压或电流从放大器的输出端返送到输入端的过程叫做反馈。

2. 反馈的组成结构

图 4-23 所示为具有反馈环节的放大器，其由基本放大电路 A 和反馈电路 F 两部分组成。图中“⊗”称为比较环节，表示信号在此叠加，箭头表示信号的传输方向。输出量 X_o 经反馈电路处理获得反馈量 X_f 送回到输入端，与输入量 X_i 叠加产生净输入量 X_i' 并施加到放大器的输入端。引入反馈后，使信号既有正向传输又有反向传输，电路形成闭合环路，因此，这种反馈放大器通常称为闭环放大器，而未引入反馈的放大器则称为开环放大器。

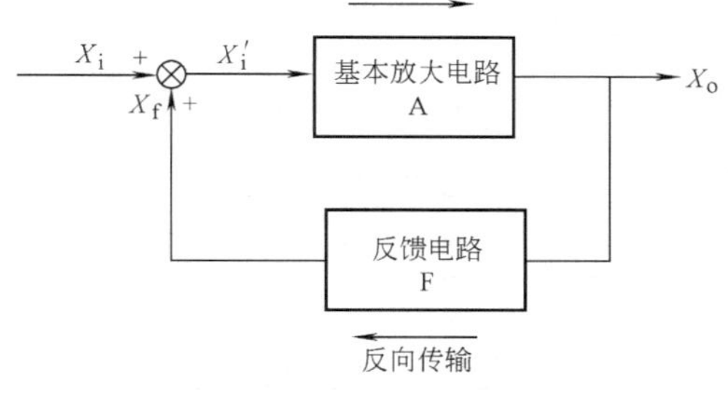

图 4-23　反馈放大器的组成结构

为了把放大器的输出信号送回到输入端，通常用电阻、电容、电感等元件组成引导反馈信号的电路，该电路叫反馈电路，又叫反馈网络。构成反馈电路的元件叫反馈元件，反馈元件联系着放大器的输出与输入，并影响放大器的输入。

3. 反馈的分类

按照不同的分类方法，反馈可分为多种类型。

（1）正反馈和负反馈　正反馈是指反馈信号 X_f 与输入信号 X_i 极性相同，使净输入信号 X_i' 增加，如图 4-24 所示。负反馈是指反馈信号 X_f 与输入信号 X_i 极性相反，使净输入信号 X_i' 减小，如图 4-25 所示。其中，正反馈使放大器的放大倍数增加，负反馈使放大器的放大倍数减小。

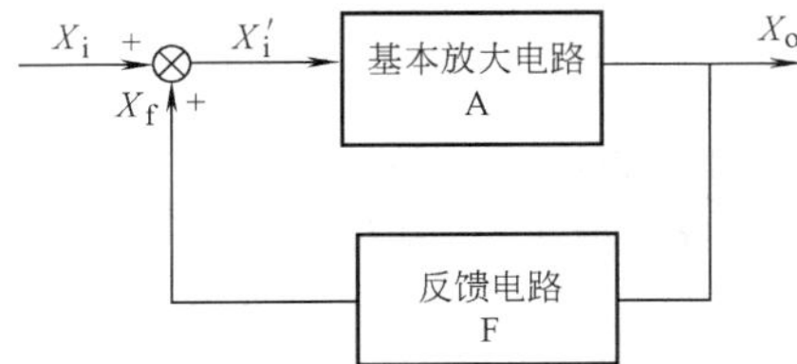

图 4-24　正反馈的组成结构

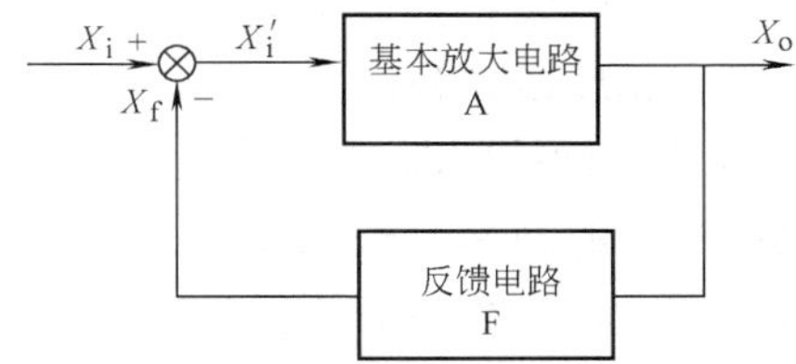

图 4-25　负反馈的组成结构

（2）电压反馈和电流反馈　电压反馈是指反馈信号 X_f 取自输出端负载两端的电压 u_o，如图 4-26 所示。电流反馈是指反馈信号取自输出电流 i_o，如图 4-27 所示。其中，电压反馈的取样环节与输出端并联，电流反馈的取样环节与输出端串联。

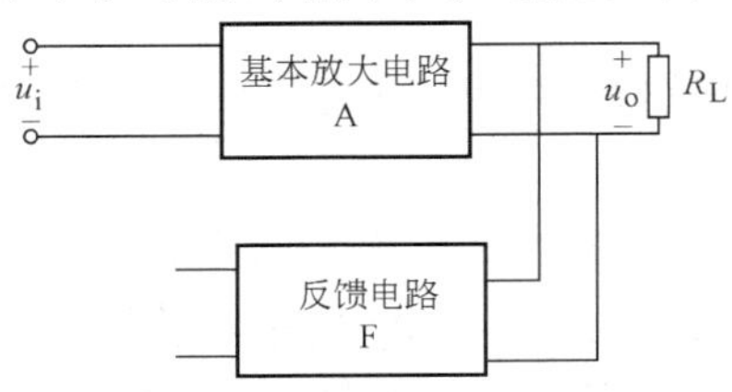

图 4-26　电压反馈的组成结构

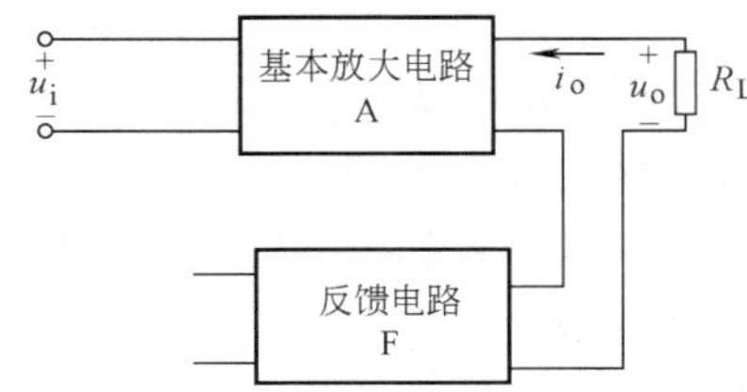

图 4-27　电流反馈的组成结构

（3）串联反馈和并联反馈　串联反馈是指反馈电路与信号源相串联，如图 4-28 所示。并联反馈是指反馈电路与信号源相并联，如图 4-29 所示。

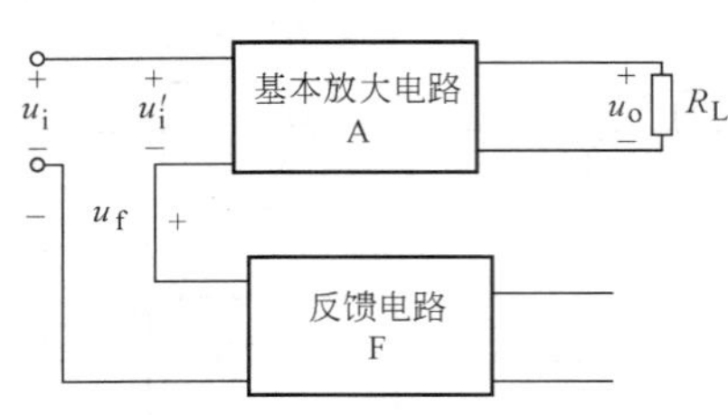

图 4-28　串联反馈的组成结构

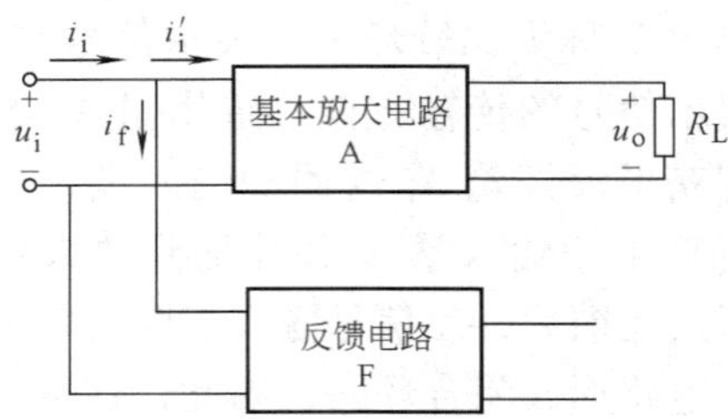

图 4-29　并联反馈的组成结构

注意：对于串联反馈，反馈信号在输入端以电压形式出现；对于并联反馈，反馈信号在输入端以电流形式出现。

（4）直流反馈和交流反馈　直流反馈是指反馈量只含有直流量。交流反馈是指反馈量只含有交流量。

二、反馈的判断

1. 有无反馈的判断

反馈放大器的特征是存在反馈元件，反馈元件是联系放大器的输出与输入的桥梁。因此，能否从电路中找到反馈元件是判断有无反馈的关键。

2. 反馈极性的判断

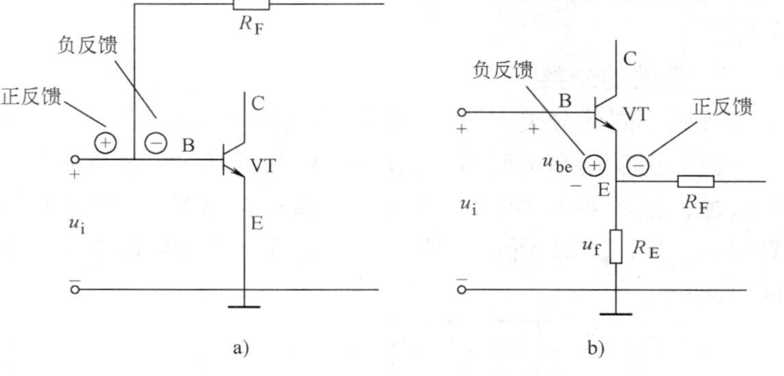

图 4-30　判断反馈极性示意图

a）反馈加到基极　b）反馈加到发射极

反馈极性的判断一般采用瞬时极性法，具体分析步骤如下：

1）先假设输入信号在某一瞬间对地极性为“+”。

2）从输入端到输出端依次标出放大器各点的瞬时极性。

3）将反馈信号的极性与输入信号进行比较，从而确定反馈极性。

在运用瞬时极性法进行分析时应注意以下两点：

1）晶体管各电极的相位关系，发射极与基极瞬时极性相同，集电极与基极瞬时极性相反。

2）反馈电路中的电阻、电容等元件，一般认为它们在信号传输过程中不产生附加相移，对瞬时极性没有影响。

假设加到晶体管基极的输入信号瞬时极性为“⊕”，经放大器放大，回送到基极的反馈信号瞬时极性若为“⊖”，是负反馈；反之，则是正反馈，如图 4-30a 所示。若送回到发射极的反馈信号瞬时极性若为“⊕”，是负反馈；反之，则是正反馈，如图 4-30b 所示。

3. 电压反馈和电流反馈的判断

电压反馈和电流反馈的判断方法是看反馈电路在输出回路的连接方法：若反馈电路接在

输出端则为电压反馈；若不接在输出端（一般接发射极）则为电流反馈。

4. 串联反馈和并联反馈的判断

串联反馈和并联反馈的判断方法是看反馈电路在输入回路的连接方法：若反馈电路接在输入端则为并联反馈；若不接在输入端（一般接发射极）则为串联反馈。

5. 直流反馈和交流反馈的判断

若反馈电路中存在电容，可根据电容“通交隔直”的特性来进行判断。

通过以上分析可知，判断电路的反馈应该这样：有无反馈看联系，电压电流看输出，串联并联看输入，交流直流看电容，正负反馈看极性。

例 3　如图 4-31 所示，试判断该电路的反馈类型。

解　(1) 看联系　这是一个两级放大电路，通过 R_F、R_{E1} 把第二级和第一级放大电路联系起来，这两级放大电路之间存在反馈。

(2) 看输出　由于反馈电路接在输出端，所以可判断是电压反馈。

(3) 看输入　反馈电路接在输入回路的发射极，所以可判断是串联反馈。

(4) 看电容　在反馈电路中无电容，所以交、直流均存在反馈。

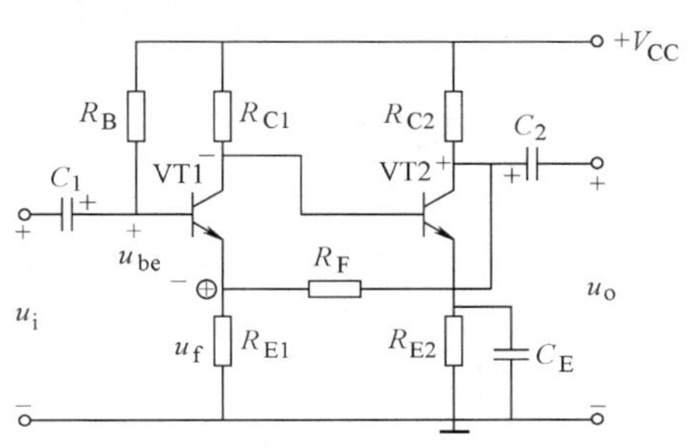

图 4-31　例 3 图

(5) 看极性　若假设第一级基极输入瞬时极性为“+”，则经第一级放大，集电极输出信号为“-”，再经第二级放大，集电极输出信号为“+”，经 R_F、R_{E1} 送回第一级放大器发射极，反馈电压 u_f 为“⊕”，使净输入信号 $u_{be}=u_i-u_f$ 减小，说明电路引入了负反馈。总之，放大电路通过 R_F、R_{E1} 为电路引入了电压串联交、直流负反馈，简称电压串联负反馈。

三、负反馈放大器的四种基本类型

在实际应用中，负反馈放大器的电路形式多种多样，其特点各异。若同时考虑反馈电路与输入、输出回路的连接方式，负反馈放大器可归纳为以下四种类型，即电压串联负反馈、电压并联负反馈、电流串联负反馈和电流并联负反馈。

四、负反馈对放大器性能的影响

1. 提高放大倍数的稳定性

电压负反馈能稳定输出电压，电流负反馈能稳定输出电流。

2. 减小放大器的非线性失真

引入负反馈不能彻底消除非线性失真。如果输入信号本身就有失真，引入负反馈也无法改善，因为负反馈所能改善的只是放大器所引起的非线性失真。

3. 改变放大器的输入电阻和输出电阻

1）串联负反馈使输入电阻增大。

2）并联负反馈使输入电阻减小。

3）电压负反馈使输出电阻减小。

4）电流负反馈使输出电阻增大。

此外，在放大电路中引入负反馈后，还能提高电路的抗干扰能力，改善电路的频率响应，以及展宽频带宽度等。

总之，在放大电路中引入负反馈是以牺牲放大倍数为代价，换来放大器各方面性能的改善。若在电路中引入正反馈，对放大电路的影响与之相反，虽使放大倍数增加了，但却使放大器性能变差，所以，一般放大电路中不引入正反馈，正反馈主要应用在振荡电路中。

技能训练 8　负反馈放大器的安装和测试

一、训练目的

1）进一步掌握放大电路工作点的测量方法。

2）验证负反馈降低电压放大倍数的结论。

3）验证负反馈改变输入、输出电阻的结论。

二、训练器材

（1）工具　电烙铁、焊料及常用无线电装配工具一套。

（2）仪表　+12V 的稳压电源、信号发生器、万用表、交流毫伏表和示波器。

（3）元器件　本技能训练所需元器件见表 4-11。

表 4-11　所需元器件

<table>
<tr><th>序　号</th><th colspan="2">名　称</th><th>型　号</th><th>数　量</th></tr>
<tr><td>1</td><td colspan="2">晶体管 VT1、VT2</td><td>VT9014</td><td>2 只</td></tr>
<tr><td rowspan="2">2</td><td rowspan="2">电位器</td><td>RP1</td><td>100kΩ</td><td>1 只</td></tr>
<tr><td>RP2</td><td>470kΩ</td><td>1 只</td></tr>
<tr><td rowspan="9">3</td><td rowspan="9">电阻器</td><td>R_4</td><td>100Ω</td><td>1 只</td></tr>
<tr><td>R、R_5</td><td>1kΩ</td><td>2 只</td></tr>
<tr><td>R_3、R_7、R_8</td><td>2. 2kΩ</td><td>3 只</td></tr>
<tr><td>R_L</td><td>3kΩ/0. 25W</td><td>1 只</td></tr>
<tr><td>R_2</td><td>9. 1kΩ</td><td>1 只</td></tr>
<tr><td>R_f</td><td>10kΩ</td><td>1 只</td></tr>
<tr><td>R_1</td><td>20kΩ</td><td>1 只</td></tr>
<tr><td>R_6</td><td>100kΩ</td><td>1 只</td></tr>
<tr><td rowspan="2">4</td><td rowspan="2">电容器</td><td>C_1、C_3、C_5</td><td>10uF/25V</td><td>3 只</td></tr>
<tr><td>C_2、C_4</td><td>100uF/25V</td><td>2 只</td></tr>
<tr><td rowspan="2">5</td><td rowspan="2">开关</td><td>S1</td><td>单刀单掷</td><td>1 只</td></tr>
<tr><td>S2</td><td>单刀双掷</td><td>1 只</td></tr>
<tr><td>6</td><td colspan="2">实验板</td><td>—</td><td>1 块</td></tr>
</table>

（4）测试电路　图 4-32 所示为负反馈放大电路的原理图。

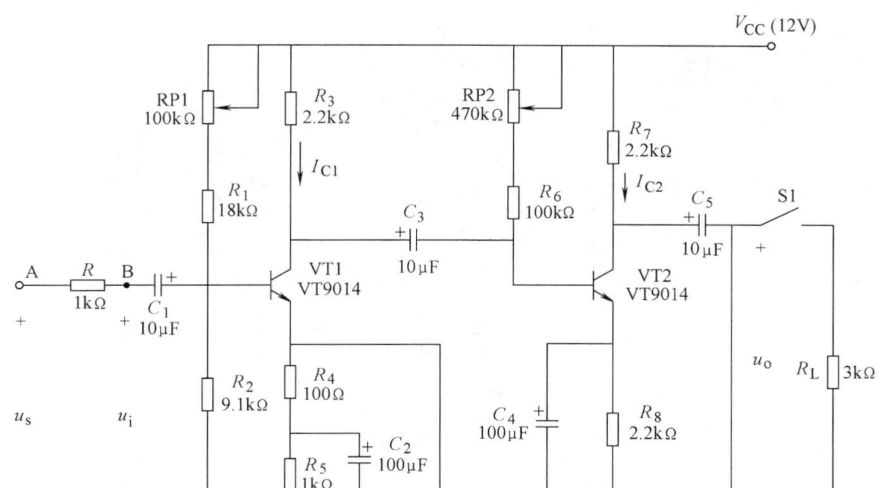

图 4-32　负反馈放大电路原理图

三、训练内容及步骤

1. 清点、检测元器件并对元器件进行搪锡处理

1）按表 4-11 核对元器件的数量、型号和规格，如有短缺、差错应及时补缺和更换。

2）用万用表检测电路元器件，对不符合质量要求的元器件剔除并更换。

3）清除元器件引脚上和实验板上的氧化层，并搪锡。

2. 按负反馈放大电路原理图进行组装

准备常用的无线电装配工具，将元器件插装后焊接固定，用硬铜线根据电路图进行布线，最后进行焊接固定，组装后的电路板如图 4-33 所示。其焊接面如图 4-34 所示。

3. 电路的测试

（1）静态工作点的测量　断开信号源，将电路的输入端接地，断开 S1，开关 S2 接端点 3，调整 RP1，使 R_3 两端电压为 3. 3V，调整 RP2，使 R_7 两端电压也为 3. 3V，经过调整后两管的集电极电流 I_{C1} 和 I_{C2} 都为 1. 5mA，然后用万用表测量负反馈放大器的静态工作电压 U_{B1}、U_{E1}、U_{C1}、U_{B2}、U_{E2} 和 U_{C2}，并计算 $I_{C1}\left(I_{C1}=\dfrac{U_{E1}}{R_{E1}}\right)$ 和 $I_{C2}\left(I_{C2}=\dfrac{U_{E2}}{R_{E2}}\right)$ 填入表 4-12 中。

图 4-33　负反馈放大电路组装后的电路板

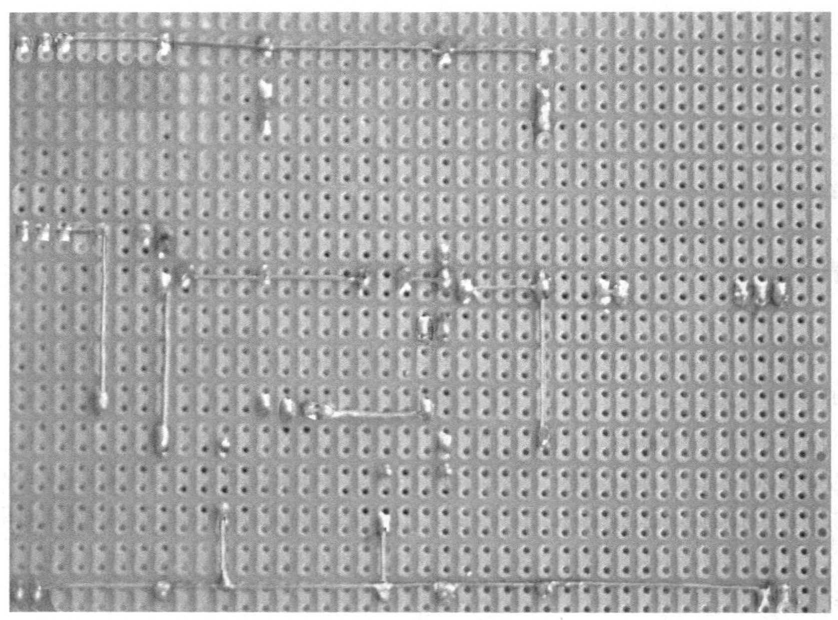

图 4-34　负反馈放大电路的焊接面

表 4-12　静态工作点测试记录

U_{B1}/V	U_{E1}/V	U_{C1}/V	I_{C1}/mA		I_{B2}/mA	U_{E2}/V	U_{C2}/V	I_{C2}/mA	
			测量值	计算值				测量值	计算值

（2）负反馈放大电路放大倍数的测量　将开关 S1 合上，信号发生器输出的正弦波信号连到放大器输入端，调节输入信号的频率为 1kHz，电压为 $U_{im}=2mV$。拆掉负反馈连线（开关 S2 接端点 3），观察示波器的波形，保证 u_o 不失真（若失真可以适当减小 U_{im}）。用毫伏表测量此时的 U_{im} 和 U_{om}，计算开环电压放大倍数 $A_u=\dfrac{U_{om}}{U_{im}}$，并填入下表中。保持 U_{im} 不变，连接负反馈连线（开关 S2 接端点 2），用毫伏表测量此时的 U_{om}，计算闭环电压放大倍数，并填入表 4-13 中，并分析引入负反馈后对放大器电压放大倍数的影响。

表 4-13　电压放大倍数测试记录

测试条件	不接反馈时	接反馈时
U_{im}/V	2mV	
U_{om}/V		
A_u		

拆掉负反馈连线（开关 S2 接端点 3），观察示波器的波形，增大 U_{im} 使 u_o 出现明显失真。保持 U_{im} 不变，连接负反馈连线（开关 S2 接端点 2），从示波器上观察输出波形失真的变化情况，并且分析引入负反馈后对放大器非线性失真的影响。

（3）负反馈放大电路输入电阻的测量　将开关 S1 合上，放大电路输入端接信号源 u_s，不接反馈和接反馈两种情况下，分别用示波器观察 u_s 和 u_i 的波形，调节信号源电压 u_s 的幅度，读出 u_s 和 u_i 的不失真最大值 U_{sm} 和 U_{im}，计算电路的输入电阻。电路的输入电阻为 $R_i=\dfrac{U_{im}}{U_{sm}-U_{im}}R$，把结果填入表 4-14 中。

表 4-14　输入电阻测试记录

不接反馈时	U_{im}/V	U_{sm}/V	R_i/Ω
接反馈时	U_{im}/V	U_{sm}/V	R_i/Ω

（4）负反馈放大电路输出电阻的测量　不接反馈和接反馈两种情况下，分别测量放大器的输出电阻。将放大电路输入端接信号源 u_s，用示波器观察输出波形，先将开关 S1 断开，读出输出电压的不失真最大值 U_{om}，然后将开关 S1 合上，再读出输出电压的不失真最大值 U'_{om}，计算电路的输出电阻。电路的输出电阻为 $R_o=\left(\dfrac{U_{om}}{U'_{om}}-1\right)R_L$，把结果填入表 4-15 中。

表 4-15　输出电阻测试记录

不接反馈时	U_{om}/V	U'_{om}/V	R_o/Ω
接反馈时	U_{om}/V	U'_{om}/V	R_o/Ω

四、训练评分标准

本技能训练评分标准见表 4-16。

表4-16 评分标准

内容	要求	配分	评分标准	扣分	得分
元器件检测	元器件完好、无损坏	15分	每处错误扣3分		
电路安装	电路安装正确、完整	15分	电路安装不正确每处扣5分		
	布局层次合理，主次分明	10分	每处不符合扣3分		
	接线规范，布线美观，横平竖直	5分	每处不符合扣1分		
	排列整齐	5分	不整齐扣3~5分		
	按图焊接，接线牢固，无虚焊、漏焊，焊点光滑、无毛刺	10分	焊点粗糙扣3~5分，虚焊、漏焊，每处扣除3~5分		
静态工作点的测量	能正确使用万用表测量静态工作点（U_{B1}、U_{E1}、U_{C1}、U_{B2}、U_{E2}、U_{C2}）	10分	每处错误扣3分		
动态参数的测量	正确使用毫伏表测量并计算A_u、R_i、R_o	10分	每处错误扣3分		
观察失真波形	正确使用示波器测量输出电压波形	10分	每处错误扣3分		
安全生产	安全、文明操作	10分	有违反者扣10分		

第五节 射极输出器

一、电路的组成

如图4-35a所示，输出信号是从发射极取出的，故称该电路为“射极输出器”。输入信号u_i经耦合电容C_1加到基极与“⊥”之间，输出信号u_o由发射极与“⊥”之间经耦合电容C_2输出，其交流通路如图4-35c所示，由此可以看出，输入和输出的公共端为集电极，因此，该电路又称为“共集电极放大电路”。

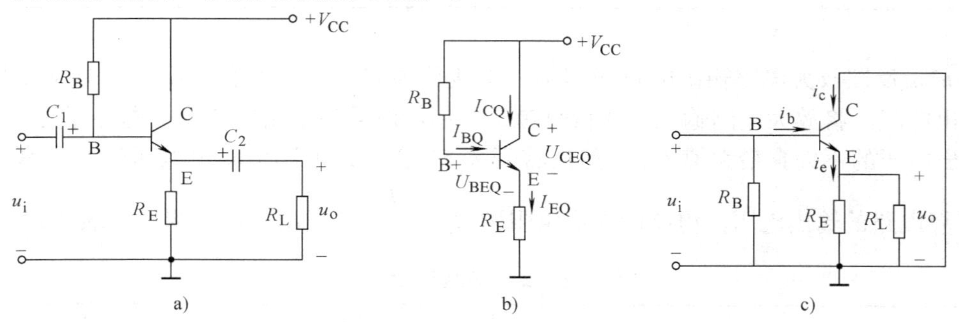

图4-35 射极输出器
a）电路 b）直流通路 c）交流通路

电阻R_E是联系输出和输入的公共支路，所以R_E为反馈元件，它在输出回路中接在输出端，所以是电压反馈，在输入回路中接在发射极，所以是串联反馈。利用瞬时极性法可判

断 R_E 为电路引入了负反馈，也就是说，R_E 为电路引入了电压串联负反馈。

电压串联负反馈对放大器的性能会产生什么影响?

二、电路的特点

1）电压放大倍数小于 1，且接近于 1。

2）输出电压与输入电压大小相等，相位相同。这种特性称为射极输出器的电压跟随特性，所以，射极输出器又称为射极跟随器，简称射随器。

3）输入电阻很大，输出电阻很小。这种特性称为阻抗变换特性，射极输出器是一种阻抗变换器。

综上所述，射极输出器是一种典型的电压串联负反馈电路，它具有输入电阻很大而输出电阻很小的特点，并且输出与输入电压大小相等，相位相同，电压放大倍数近似为 1。尽管射极输出器的电压放大倍数略小于 1，但因其输出电流为基极电流的（$1+\beta$）倍，具有电流放大作用，因此它仍具有一定的功率放大能力。

三、电路的应用

射极输出器具有输入电阻很大、输出电阻很小及电压跟随作用，有一定的电流和功率放大作用，因而它的应用十分广泛。

1）用作多级放大电路的输入级，因为其输入电阻很大，可以减轻信号源的负担。

2）用作多级放大电路的输出级，因为其输出电阻很小，可以提高带载能力。

3）用作多级放大电路的中间级，因为其具有电压跟随作用，且输入电阻大对前级的影响小，输出电阻小，对后级的影响也小，所以，可以用作中间级起到缓冲、隔离作用。

技能训练 9　射极输出器的安装和测试

一、训练目的

1）组装射极输出器，加深理解射极输出器的工作特点。

2）掌握射极输出器的放大倍数、输入电阻和输出电阻的测量方法。

二、训练器材

（1）工具　电烙铁、焊料及常用无线电装配工具一套。

（2）仪表　+12V 的稳压电源、信号发生器、万用表、交流毫伏表和示波器。

（3）元件　本技能训练所需元器件见表 4-17。

表 4-17 所需元器件

序号	名称		型号	数量
1	晶体管 VT		VT9014	1 只
2	电位器 RP		100kΩ	1 只
3	电阻器	R	1kΩ	1 只
		R_B	47kΩ	1 只
		R_E	2kΩ	1 只
		R_L	100Ω/1W	1 只
4	电解电容器 C_1、C_2		10uF/25V	2 只
5	开关 S		单刀单掷	1 只
6	实验板		—	1 块

（4）测试电路　图 4-36 所示为射极输出器原理图。

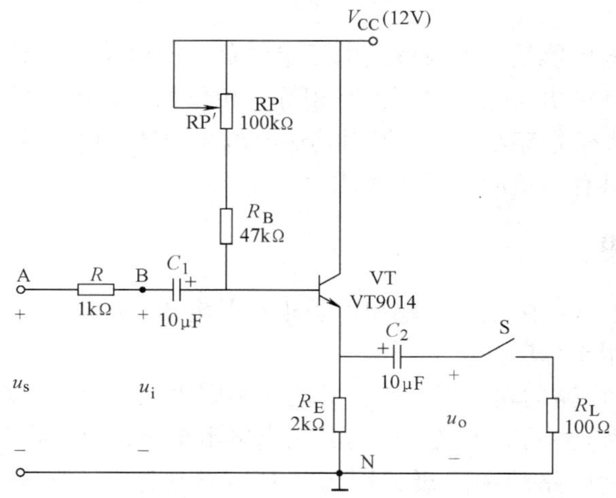

图 4-36　射极输出器电路原理图

三、训练内容及步骤

1. 清点、检测元器件并对元器件进行搪锡处理

1）按表 4-17 核对元器件的数量、型号和规格，如有短缺、差错应及时补缺和更换。

2）用万用表检测电路元器件，对不符合质量要求的元器件剔除并更换。

3）清除元器件引脚上和实验板上的氧化层，并搪锡。

2. 按射极输出器原理图进行组装

准备常用的无线电装配工具，将元器件插装后焊接固定，用硬铜线根据电路图进行布线，最后进行焊接固定，组装后的电路板如图 4-37 所示。其焊接面如图 4-38 所示。

图 4-37 射极输出器组成后的电路板

1—电源 2—输入端 3—输出端 4—接地端

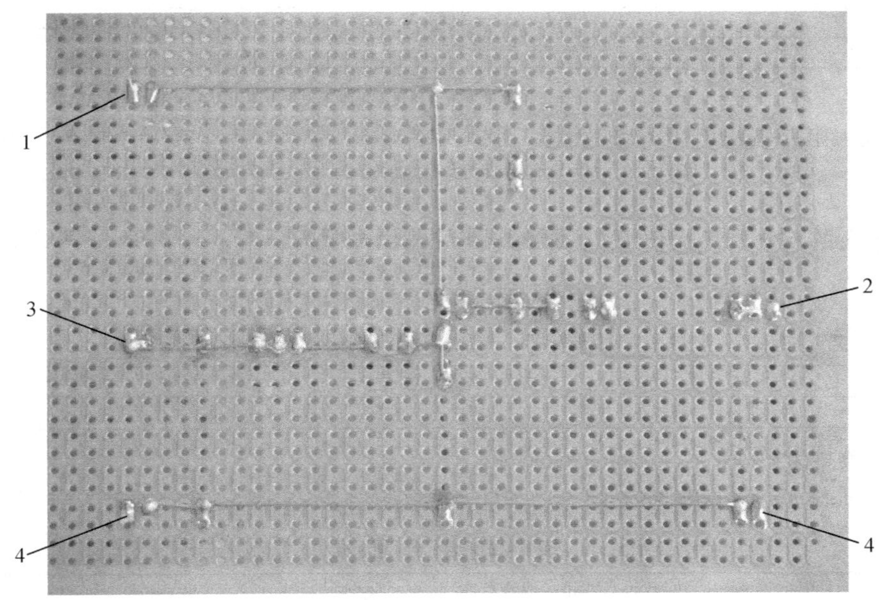

图 4-38 射极输出器的焊接面

1—电源 2—输入端 3—输出端 4—接地端

3. 电路的测试

(1) 静态工作点的测量 将开关 S 合上，断开信号源，输入端 A 接地，用万用表测量放大电路有载时的静态工作点，把测试结果填入表4-18中。

表4-18 静态工作点测试记录

U_{BE}/V	U_{CE}/V	R_B 两端电压/V	I_B/mA	R_C 两端电压/V	I_E/mA

(2) 电压放大倍数 A_u 的测量　将开关S合上，放大电路输入端（A点）接信号源 u_s，用示波器测量有载时放大电路输入电压 u_i（B点与N点之间）和输出电压 u_o 的波形，读出它们的不失真最大值 U_{im} 和 U_{om}，则电压放大倍数 $A_u=\frac{U_{om}}{U_{im}}$，把结果填入表4-19。

表4-19 电压放大倍数测试记录

U_{im}/V	U_{om}/V	A_u

(3) 放大电路输入电阻 R_i 的测量　将开关S合上，放大电路输入端（A点）接信号源 u_s，用示波器观察 u_s（A点与N点之间）和 u_i（B点与N点之间）的波形，调节信号源 u_s 的幅度，读出 u_s 和 u_i 的不失真最大值 U_{sm} 和 U_{im}，那么电路的输入电阻 $R_i=\frac{U_{im}}{U_{sm}-U_{im}}R$，把结果填入表4-20中。

表4-20 输入电阻测试记录

U_{sm}/V	U_{im}/V	R_i/Ω

(4) 放大电路输出电阻 R_o 的测量　放大电路输入端（A点）接信号源 u_s，用示波器观察输出波形，先将开关S断开，读出输出电压的不失真最大值 U_{om}，而后将开关S合上，再读出输出电压的不失真最大值 U'_{om}，那么电路的输出电阻 $R_o=\left(\frac{U_{om}}{U'_{om}}-1\right)R_L$，把结果填入表4-21。

表4-21 输出电阻测试记录

U_{om}/V	U'_{om}/V	R_o/Ω

四、训练评分标准

本技能训练评分标准见表4-22。

表4-22 评分标准

内　容	要　求	配分	评分标准	扣分	得分
元器件检测	元器件完好、无损坏	15分	每处错误扣3分		
	电路安装正确、完整	15分	电路安装不正确每处扣5分		
	布局层次合理，主次分明	10分	每处不符合扣3分		
	接线规范，布线美观，横平竖直	5分	每处不符合扣1分		
	排列整齐	5分	不整齐扣3~5分		

（续）

内　　容	要　　求	配分	评分标准	扣分	得分
	按图焊接，接线牢固，无虚焊、漏焊，焊点光滑、无毛刺	10分	焊点粗糙扣3～5分，虚焊、漏焊，每处扣除3～5分		
静态工作点的测量	能正确使用万用表测量静态工作点（U_{BE}、U_{CE}、I_B、I_C）	10分	每处错误扣3分		
动态参数的测量	正确测量并计算A_u、R_i、R_o	10分	每处错误扣3分		
观察失真波形	正确使用示波器观察输出电压波形	10分	每处错误扣2分		
安全生产	安全、文明操作	10分	有违反者扣10分		

第六节　功率放大电路

某些电子设备最终是要驱动负载工作的，如收音机中的扬声器（喇叭）要发出声音，电动机要旋转，继电器触头要动作，记录仪表要指示数据等。这些负载需要供给足够大的功率才能发挥其效能。前面讨论的低频电压放大器的主要任务是把微弱的电压信号予以放大，而其输出功率并不大。通常情况下，要求多级放大电路的末级既能输出较高的电压又能输出较大电流，也就是要求具有能够输出一定功率的功率放大电路。

一、低频功率放大器的概念

功率放大电路又称为功率放大器，简称“功放”。功放中半导体功率管为主要器件，称功率放大管，简称“功放管”。

1. 对功率放大器的基本要求

1）要求有足够大的输出功率。

2）要求效率要高。

3）要求非线性失真要小。

4）要求功放管的散热要好。

2. 功率放大器的分类

功率放大电路种类很多，按功放管工作点的位置不同，有甲类、乙类和甲乙类三种功率放大器；按功率放大器输出端特点不同，有变压器耦合功率放大器、无输出变压器功率放大器（OTL电路）和无输出电容功率放大器（OCL电路）。

变压器耦合功率放大器可通过变压器的阻抗变换特性，使负载获得最大输出功率，但由于变压器体积大、笨重、频率特性较差，且不便于集成化，目前已很少使用。OTL和OCL电路都不用输出变压器，便于集成化，所以应用较广。实质上这两个电路均是由两个射极输出器组成的互补对称电路结构。

二、互补对称功率放大器

甲类功放的输出波形较好，但因管子的功率损耗大，效率较低。对于工作在乙类的功率放大电路，虽然管子的功率损耗较小，提高了效率，但是输出波形存在严重的失真，使输入信号的半个周期被削掉了。但是，若采用两个导电性相反的管子，使它们都工作在乙类放大状态，一个在正半周期工作，另一个在负半周期工作，同时把两个输出波形加到负载上，在负载上得到完整的输出波形，这样就解决了效率与失真的矛盾。由于两只晶体管的工作特性对称，互补对方不足，故称为互补对称功率放大器。

1. 单电源供电的互补对称功放电路（OTL 功放电路）

（1）电路组成及工作原理　图 4-39 所示为 OTL 功放电路。其中，VT_1 和 VT_2 为一对导电性能相反的晶体管，两管接成射极输出形式，由于输出电阻很小，所以无需变压器就能与低阻负载很好的匹配。大容量的电容 C 既是输出耦合电容，又同时充当电源的作用。

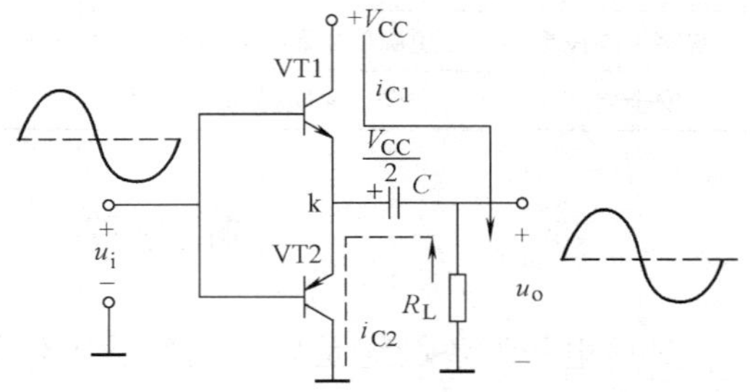

图 4-39　OTL 功放电路

静态时，由于电路结构对称，所以 $U_k = V_{CC}/2$，因两管均无偏置电压，故 VT 均处于截止状态，$I_{BQ}=0$，$I_{CQ}=0$，工作在乙类状态。

当输入信号在正半周期时，VT1 导通，VT2 截止，电源 V_{CC} 通过 VT1 向电容 C 充电，如图 4-39 中实线所示方向。

当输入信号在负半周期时，VT2 导通，VT1 截止，此时电容 C 上的电压（$U_C = V_{CC}/2$）通过 VT2 放电，此时，集电极电流 i_{C2} 流过负载 R_L，如图 4-39 中虚线所示方向，流过 R_L 的方向与 i_{C1} 方向相反。功放管 VT1 和 VT2 交替工作，在 R_L 可获得正、负半周期完整的输出信号波形，实现了信号的功率放大。

注意：虽然电容 C 在工作中有时充电，有时放电，但因其电容量较大，所以，电容两端电压基本维持在 $V_{CC}/2$，起电源的作用。

（2）实用的 OTL 功放电路　OTL 功放电路中的晶体管工作在乙类状态，效率较高。而实际上这种电路输出波形并不能很好地反映输入信号的变化，而是在正、负半周期的交界处出现了与输入不同的波形失真，这种失真叫“交越失真”，如图 4-40 所示。

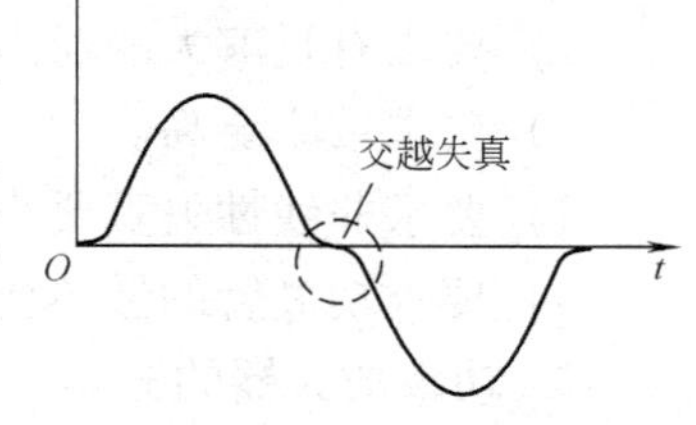

图 4-40　交越失真波形

“交越失真”产生的原因是两晶体管工作在乙类放大状态时，由于它们的发射结都没有偏置电压，当输入信号电压小于死区电压时，VT1 和 VT2 均处于截止状态，因此，输入信号在过零附近，没有输出信号，便产生了失真。

消除交越失真的方法是：给晶体管 VT1、VT2 的发射结加上正向很小的偏置电压，使其在静态时管子处于微导通状态，这样一旦加入输入信号，晶体管就会进入线性放大区，从而克服了交越失真。图 4-41 所示为实用的 OTL 攻放电路。

图 4-41 中二极管 VD1、VD2 为晶体管 VT1、VT2 提供一定的偏置电压，确保两管静态时处于微导通（甲乙类）状态。由 VT3 组成工作点稳定的偏置放大电路工作于甲类放大状态。R_2 为电路引入了电压并联负反馈，使 U_k 趋于稳定，同时也使得放大电路的动态性能指

标得到显著改善。

对于 OTL 功放电路，虽然它采用了单电源供电，但是由于其频率响应较差，不利于电路的集成化，所以一些高级音响设备中大多采用双电源供电的互补对称功放电路（OCL 功放电路）。

2. 双电源供电的互补对称功放电路（OCL 功放电路）

OTL 功放电路中，电容 C 为功放管供电，实际上是起负电源的作用。如果直接用一个负电源代替电容 C，就构成了 OCL 功放电路，如图 4-42 所示。

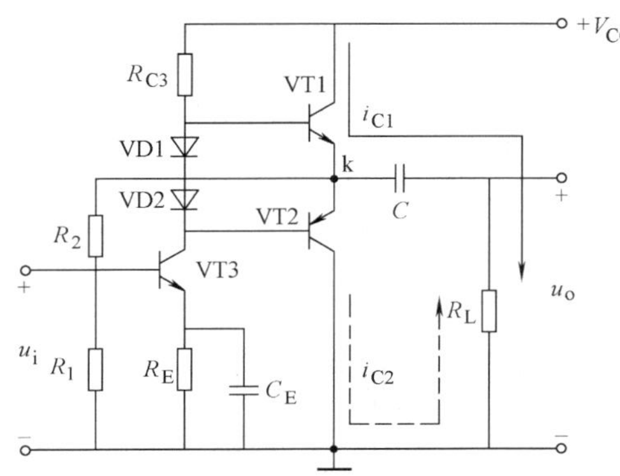

图 4-41 实用的 OTL 功放电路

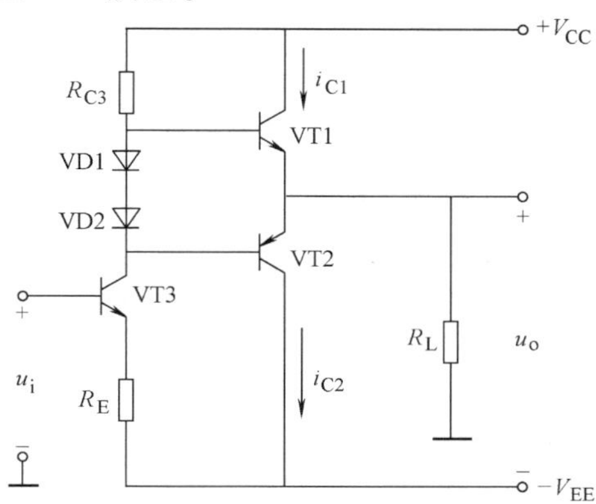

图 4-42 OCL 功放电路

OCL 功放电路与 OTL 功放电路的工作原理十分相似，但是由于这种电路采用直接耦合形式，没有大容量的电容，其低频特性较好，而且便于集成化，所以，这种电路广泛应用于高保真的音响设备中。

三、集成功率放大器

随着集成技术的不断发展，集成功率放大器产品越来越多，由于集成功放具有输出功率大，频率特性好，非线性失真小，外围元器件少，成本低，使用方便，因而被广泛应用在收音机、录音机、电视机及直流伺服系统中。下面简单介绍目前应用较多的小功率音频集成功放 LM386。

集成功放 LM386 为 8 脚双列直插塑料封装结构，其外形和引脚排列分别如图 4-43 和图 4-44 所示。

图 4-43 集成功放 LM386 的外形

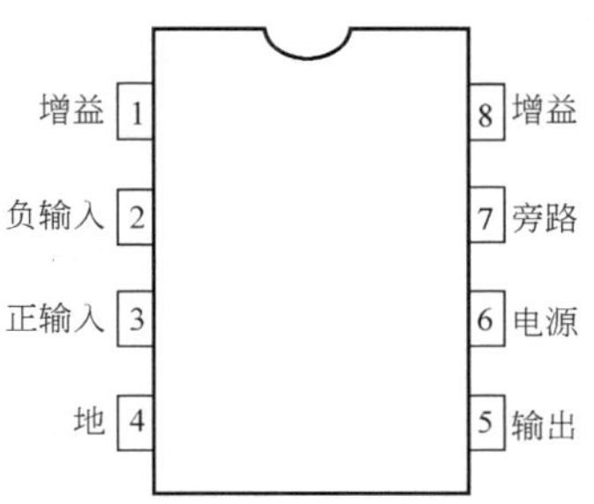

图 4-44 集成功放 LM386 的引脚排列

集成功放 LM386 是一种通用型宽带集成功率放大器，属于 OTL 功放电路，适用的电源电压为 4～10V，常温下功耗在 660mW 左右。

图 4-45 所示为 LM386 的应用接线情况，常用于电话机或袖珍收音机中作为音频放大电路。其中，R_1 和 C_1 接在引脚 1 和 8 之间可将电压增益调整为任意值；C_2 为旁路电容；R_2 和 C_3 串联构成校正网络，用来补偿扬声器音量电感产生的附加相移，并防止电路自激振荡；C_4 为去耦电容，可以滤掉电源的高次谐波分量；C_5 为输出耦合电容。

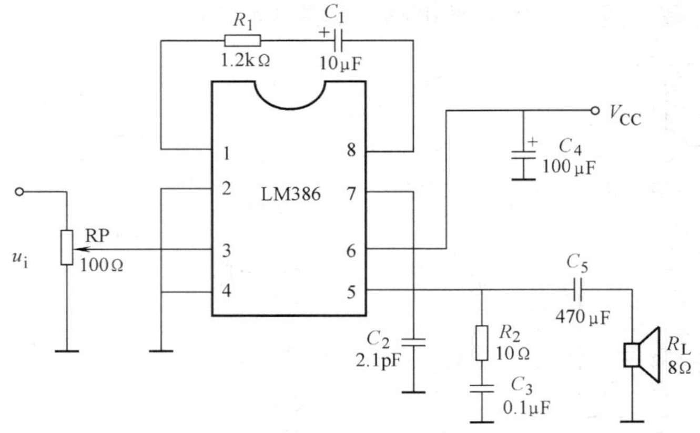

图 4-45 集成功放 LM386 的应用接线

技能训练 10 集成功率放大器的安装和测试

一、训练目的

1）组装集成功率放大器，进一步熟悉集成功放的特点和应用。

2）掌握集成功率放大器最大输出功率和效率的测试方法。

二、训练器材

（1）工具 电烙铁、焊料及常用无线电装配工具一套。

（2）仪表 +9V 的稳压电源、信号发生器、万用表、交流毫伏表和示波器。

（3）元件 本技能训练所需元器件见表 4-23。

表 4-23 所需元器件

序号	名称	型号	数量
1	集成功率放大器	LM386	1只
2	电容器	10μF/25V	1只
		220μF/25V	1只
		0.5μF	1只
3	电阻器	5.1kΩ	1只
		1kΩ	1只
4	扬声器	8Ω	1只
5	实验板	—	1块

（4）测试电路　图 4-46 所示为集成功率放大电路原理图。

三、训练内容及步骤

1. 熟悉集成功放的引脚排列

2. 清点、检测元器件并对元器件进行搪锡处理

（1）按表 4-23 核对元器件的数量、型号和规格，如有短缺、差错应及时补缺和更换。

（2）用万用表检测电路元器件，对不符合质量要求的元器件剔除并更换。

（3）清除元器件引脚上和实验板上的氧化层，并搪锡。

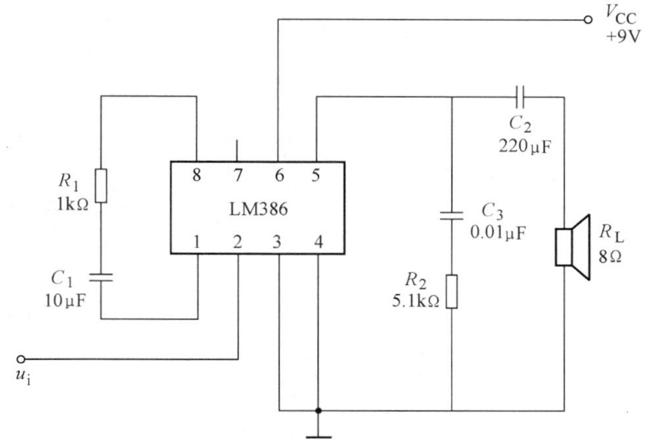

图 4-46　集成功率放大器原理图

3. 按集成功率放大电路原理图进行组装

准备常用的无线电装配工具，将元器件插装后焊接固定，用硬铜线根据电路图进行布线，最后进行焊接固定，组装后的电路板如图 4-47 所示。其焊接面如图 4-48 所示。

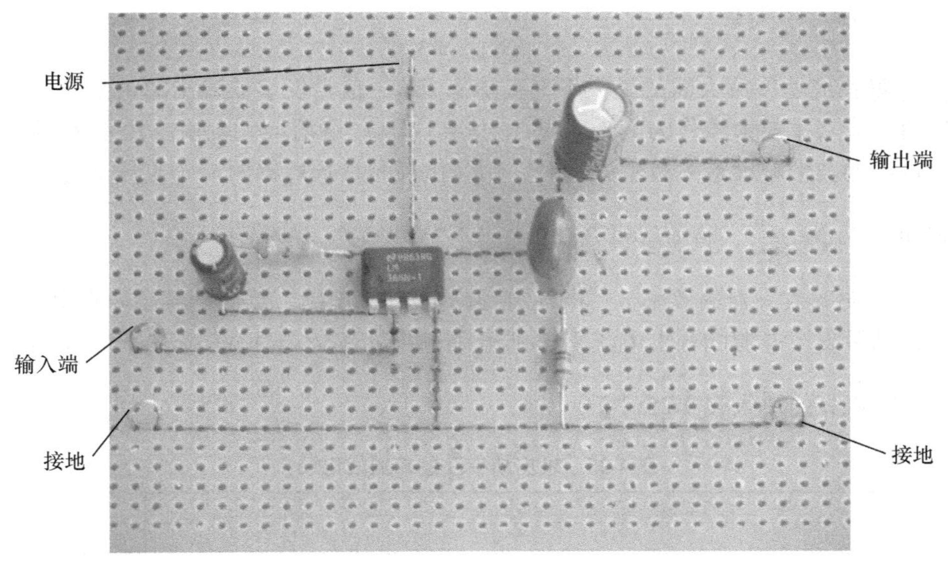

图 4-47　集成功率放大器组装后的电路板

4. 电路的测试

（1）静态工作点的测量　用导线将引脚 1 对地短路，用万用表测量集成功率放大器各引脚的直流电压，并将测量结果填入表 4-24 中。

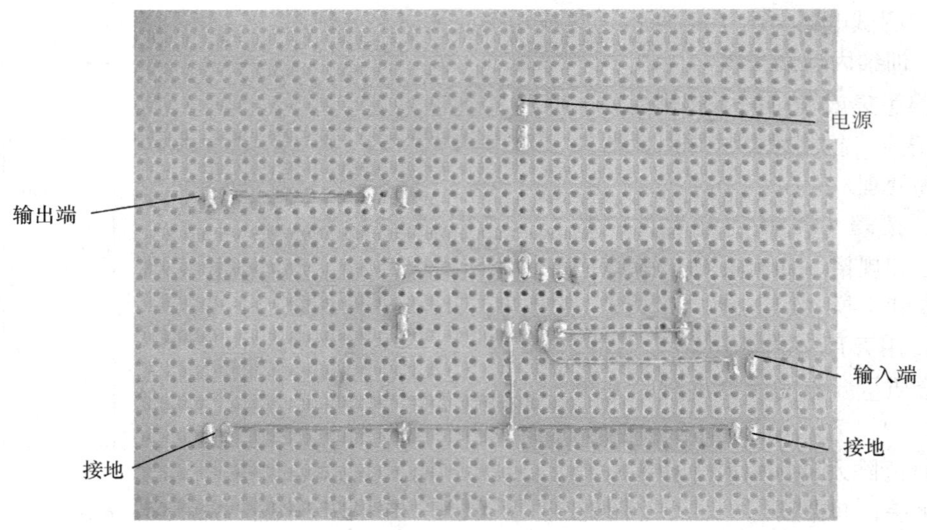

图 4-48 集成功率放大器的焊接面

表 4-24 静态工作点测试记录

引脚	1	2	3	4	5	6	7	8
测量电压/V								

(2) 测量集成功率放大器的最大不失真功率 P_{OM} 信号发生器输出的正弦波信号通过引脚 1 端送给集成功率放大器作为其输入电压（$f=1\text{kHz}$）逐渐增大幅度，用示波器观察输出波形，当输出的波形幅度最大且不失真时，用毫伏表测量扬声器两端的电压 U_{OM}，并计算最大不失真功率 $P_{OM}=\dfrac{U_{OM}^2}{R_L}$，将 U_{OM} 和 P_{OM} 填入表 4-25 中。

(3) 测量功率放大器的效率 η 将万用表调至 100mA 挡，然后把其串联在电源 V_{CC} 与引脚 6 之间，测量直流电源的输出电流 I_E，则电源输出功率 $P_E=V_{CC}I_E$，功率放大器的效率 $\eta=\dfrac{P_{OM}}{P_E}$，将 I_E 和 η 的填入表 4-25 中。

表 4-25 输出功率及效率测试记录

R_L/Ω	V_{CC}/V	U_{OM}/V	I_E/A	P_{OM}/W	P_E/W	η

四、训练评分标准

本技能训练评分标准见表 4-26。

表 4-26 评 分 标 准

内容	要　求	配分	评分标准	扣分	得分
元器件检测	元器件完好、无损坏	15 分	每处错误扣 3 分		
电路安装	电路安装正确、完整	15 分	电路安装不正确每处扣 5 分		

（续）

内容	要　求	配分	评分标准	扣分	得分
电路安装	布局层次合理，主次分明	10 分	每处不符合扣 3 分		
	接线规范，布线美观，横平竖直	5 分	每处不符合扣 1 分		
	排列整齐	5 分	不整齐扣 3 ~ 5 分		
	按图焊接，接线牢固，无虚焊、漏焊，焊点光滑、无毛刺	10 分	焊点粗糙扣 3 ~ 5 分，虚焊、漏焊，每处扣除 3 ~ 5 分		
静态工作点的测量	能正确使用万用表测量静态工作点	10 分	每处错误扣 5 分		
最大不失真功率和效率的测量	正确使用示波器测量 U_i 和 U_o 并计算 P_{OM}；正确使用万用表测量 I_E 和 η	20 分	每处错误扣 6 分		
安全生产	安全、文明操作	10 分	有违反者扣 10 分		

本 章 小 结

1）放大器的主要功能是将输入信号不失真地进行放大。放大器的核心是晶体管，要保证不失真地放大交流信号，必须给放大器设置合适的静态工作点，以使晶体管始终工作在放大区。

2）放大器的分析方法主要有近似估算法和图解分析法两种。

用近似估算法时应注意：分析静态工作点（I_{BQ}、I_{CQ}、U_{CEQ}）用直流通路；分析动态性能（A_u、R_i、R_o）用交流通路。

3）图解法要作直流负载线和交流负载线，用来分析放大器的动态特性比较直观，尤其用于分析大信号电路。

4）为了稳定静态工作点，常采用分压式偏置电路，这种电路使 I_{BQ}、I_{CQ}和 U_{CEQ}与晶体管的参数无关。特别是在维修工作中，当更换晶体管时不必重新调整静态工作点，这给实际工作带来了很大的方便。

5）放大器有 3 种耦合方式：阻容耦合、变压器耦合、直接耦合。

多级放大器的电压放大倍数等于各级电压放大倍数的乘积，输入电阻等于第一级的输入电阻，输出电阻为末级的输出电阻。

6）放大器中，把输出信号回送到输入回路的过程称为反馈。反馈放大器主要由基本放大电路和反馈电路两部分组成。引入反馈的放大器称为闭环放大器，未引入反馈的放大器称为开环放大器。

7）判断反馈的性质用瞬时极性法；判断反馈的类型关键是先找到反馈电路，然后根据反馈电路在输入、输出电路的连接方法来判断反馈的类型；直流反馈和交流反馈的判断看反馈电路中的电容元件来确定。

8）实际放大电路中几乎都采用反馈。正反馈可组成振荡器，负反馈可改善放大器的性能。如直流负反馈可稳定静态工作点，交流负反馈以降低放大倍数为代价，使放大器的稳定性提高，减小非线性失真，改变输入、输出电阻。

9）射极输出器是一种典型的电压串联负反馈电路，又称为共集电极放大电路或射极跟随器。它没有电压放大作用，但仍具有电流和功率放大能力，输出电压和输入电压相位相同，这是它的跟随特性；输入电阻很大，输出电阻很小，这是它的阻抗变换特性。

10）射极输出器因输入电阻很大常作为多级放大器的输入级，可减轻信号源的负担；因它的输出电阻很小常作为多级放大器的输出级，可提高电路的带载能力；因其电压放大倍数接近1而用于多级放大器的中间级起缓冲、隔离作用等。

11）功率放大器在要求非线性失真尽可能小的情况下输出功率尽可能大，使效率尽可能高。乙类功率放大器静态功耗近似为零，效率较高，但非线性失真（交越失真）较严重。OTL功放电路采用单电源供电，OCL功放电路采用双电源供电。两只放大管导电性能相反，但特性参数一致，在工作时两管交替导通，实现互补对称，不但效率较高，而且可减小交越失真。

复习思考题

1. 什么叫放大器？放大器由哪几部分组成？

2. 什么叫静态工作点？放大电路为什么要设置静态工作点？

3. 如图4-49所示，在电路中，$V_{CC}=15V$，$R_B=300k\Omega$，$R_C=3k\Omega$，$R_L=6k\Omega$，晶体管的$\beta=50$。试求：

（1）放大电路的静态工作点。

（2）放大电路的输入电阻、输出电阻。

（3）放大电路空载和有载两种情况下的电压放大倍数。

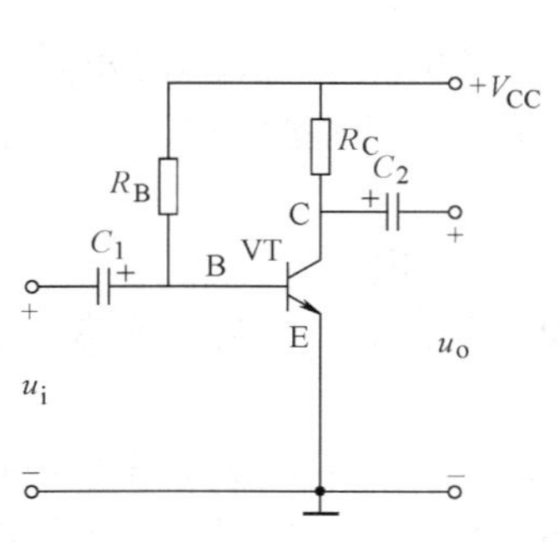

图 4-49

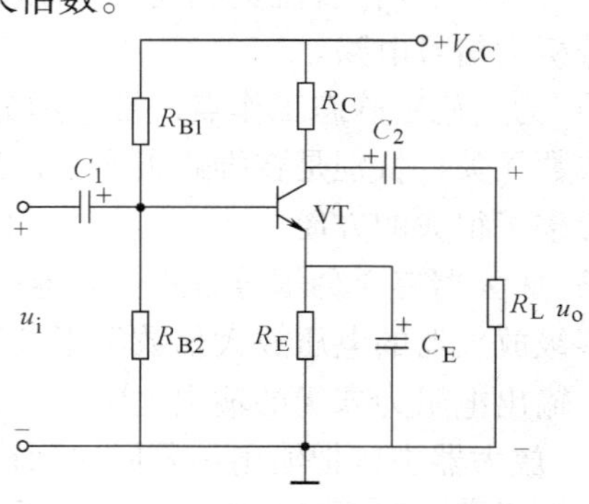

图 4-50

4. 如图4-50所示，$R_{B1}=60k\Omega$，$R_{B2}=20k\Omega$，$R_C=3k\Omega$，$R_E=2k\Omega$，$R_L=6k\Omega$，$V_{CC}=16V$，$\beta=50$。试求：

（1）放大电路的静态工作点。

（2）放大电路的输入电阻和输出电阻。

（3）放大电路的空载和有载两种情况下的电压放大倍数。

（4）若将该晶体管换成一只 $\beta = 30$ 的同类型管子，该放大电路能否正常工作？

（5）分析电路在环境温度升高时静态工作点的稳定过程。

5. 射极输出器具有哪些特点？在多级放大电路中常用在哪一级？为什么？

6. 多级放大器级间耦合方式有哪几种？各有何特点？

7. 在图 4-51 所示电路中，R_{F1} 和 R_{F2} 引入的反馈类型是什么？并说明这些反馈对放大器性能有何影响？

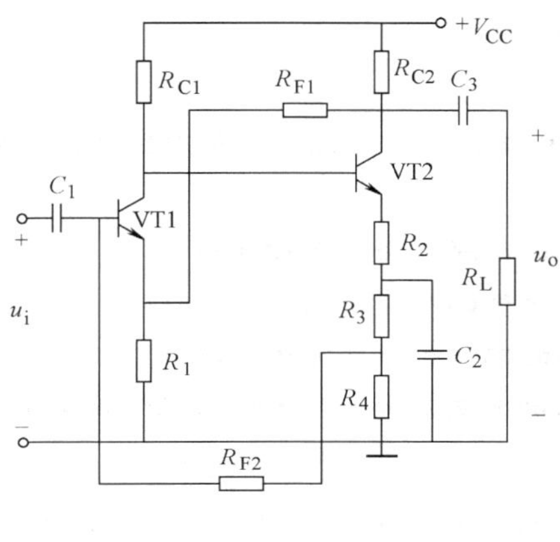

图　4-51

8. 试比较功率放大电路与小信号电压放大电路有何异同？

9. 什么是交越失真？如何消除？

第五章 运算放大器

学习目标

集成运算放大器简称集成运放，实际上是一种高放大倍数的多级直接耦合放大器。

本章的学习目标是：

1. 了解集成运算放大器的应用电路及工作原理。
2. 掌握理想集成运算放大器的电压传输特性。
3. 掌握集成运算放大器的工作特点和分析方法。
4. 掌握基本运算电路的输出电压和输入电压之间的运算关系。

运算放大器是一种模拟集成电路，由于早期主要用于计算机的各种数学运算，故通常将运算放大器简称为“集成运放”或简称为“运放”。随着电子技术的不断发展，集成运放的应用已不限于数学运算，而作为一种高放大倍数的直接耦合放大器件，广泛用于自动控制中。

第一节 集成运算放大器

一、集成运放的组成和符号

1. 组成框图

集成运放的组成框图如图5-1所示，通常包括输入级、中间级、输出级和偏置电路等部分。

（1）输入级　通常是具有较高输入电阻和较高放大倍数的放大器。

（2）中间级　中间级的作用是使集成运放具有较强的放大能力，通常由多级共发射极放大器构成。

（3）输出级　输出级的作用是为负载提供一定幅度的信号电压和信号电流，并具有一定的保护功能。输出级一般采用输出电阻很低的射极输出器或由射极输出器组成的互补对称功放电路。

（4）偏置电路　偏置电路的作用是为各级提供所需的稳定的静态工作电流。

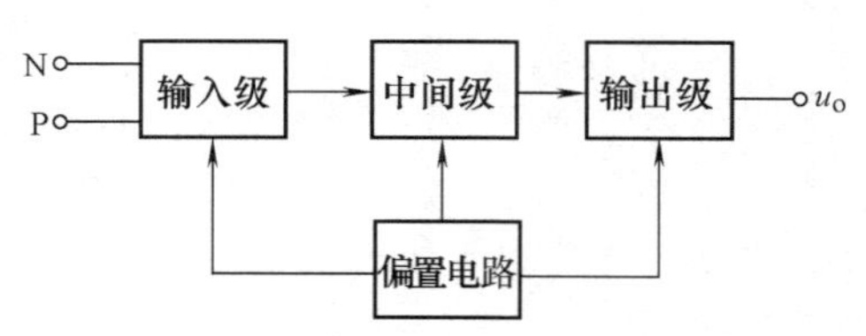

图5-1　集成运放的组成框图

2. 图形符号

集成运算放大器对外是一个整体，它在电路中的图形符号如图 5-2 所示。图中“▷”表示放大器，三角形所指方向为信号的传输方向，“∞”表示开环电压放大倍数为无穷大。它有两个输入端和一个输出端。“+”（或 P）表示同相输入端，输出信号与该输入端信号同相；“-”（或 N）表示反相输入端，输出信号与该输入端信号反相。

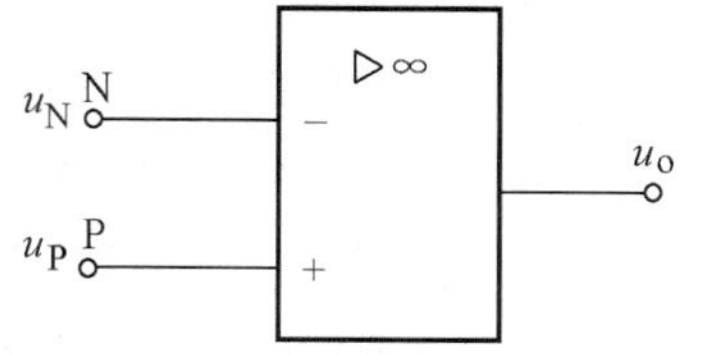

图 5-2　集成运放的图形符号

注意： 实际上集成运放的引出端不只三个，但分析集成运放时，习惯上只画出图示中的三个，其他接线端各有各的功能，但因对分析没有影响，故略去不画。

二、集成运放的封装和分类

1. 封装

集成运放的封装方式有塑料双列直插式、陶瓷扁平式、金属圆壳式等多种，图 5-3 所示为部分集成运放的外形。

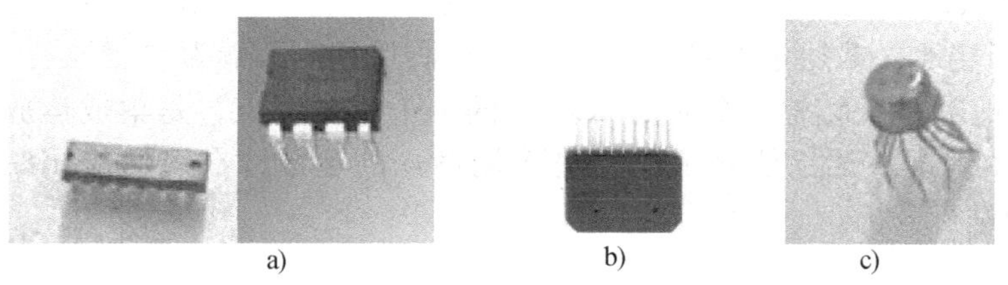

图 5-3　部分集成运放的外形

a）双列直插式　b）扁平式　c）圆壳式

2. 分类

集成运放按电路特性分类可分为通用型和专用型等。所谓通用型，是指这种运放的性能指标基本上兼顾了各方面的使用要求，没有特别的参数要求，基本上满足一般应用的需要。专用型又称为高性能型，它有一项或几项特殊要求，可在特定场合或特定要求下使用。专用型运放按某项特性参数进行分类，有低功耗型、高精度型、高速型、宽带型、高阻型、高压型、低漂移型、低噪声型、大功率型等。

三、集成运放的电压传输特性

集成运放的输出电压与输入电压（即同相输入端与反相输入端间的电压差值）间的关系曲线，称为电压传输特性，如图 5-4 所示。

电压传输特性分为线性区（虚线框内）和非线性区（虚线框外）。其传输特性和各区的工作特点见表 5-1。

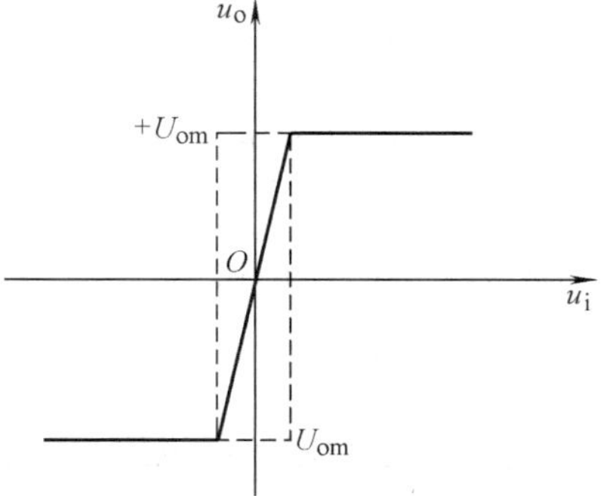

图 5-4　集成运放的电压传输特性

表 5-1 集成运放的传输特性及特点

工作区	传输特性	工作特点
线性区	输出电压 u_o 和输入电压 u_i 是线性关系，即 $u_o = A_{uo}u_i = A_{uo}(u_P - u_N)$	①虚短是指两输入电压之差 $u_N - u_P = 0$，即 $u_N = u_P$ ②虚断是指两个输入端的输入电流为零，即 $i_N = i_P = 0$
非线性区	输出电压 u_o 只有两种可能，即 $+U_{om}$ 和 $-U_{om}$	①"虚短"特性不再成立，即 $u_P \neq u_N$ 当 $u_P > u_N$ 时，$u_o = +U_{om}$；当 $u_P < u_N$ 时，$u_o = -U_{om}$ ②"虚断"特性仍然成立，即 $i_N = i_P = 0$

四、集成运放的两种基本电路

1. 反相比例运算放大电路

反相比例运算放大电路如图 5-5 所示，其特点是输入信号加在集成运放的反相输入端。R_f 为反馈电阻。从输出端看，R_f 接在了输出端；从输入端看，R_f 接在输入端，所以 R_f 为电路引入了电压并联负反馈。R_2 为平衡电阻，取值为 $R_2 = R_1 /\!/ R_f$。

由于同相输入端接地，即 $u_P = 0$，根据"虚短"的概念，反相输入端电位也为零，但反相输入端 N 并不接地（或通过电阻接地），所以，称反相输入端为"虚地"。

注意："虚地"是反相输入集成运放电路的一个重要特点，是集成运放线性工作"虚短"概念的具体表现。凡是信号由反相输入端输入的运放，在线性应用时，都可以利用"虚地"的概念进行分析。

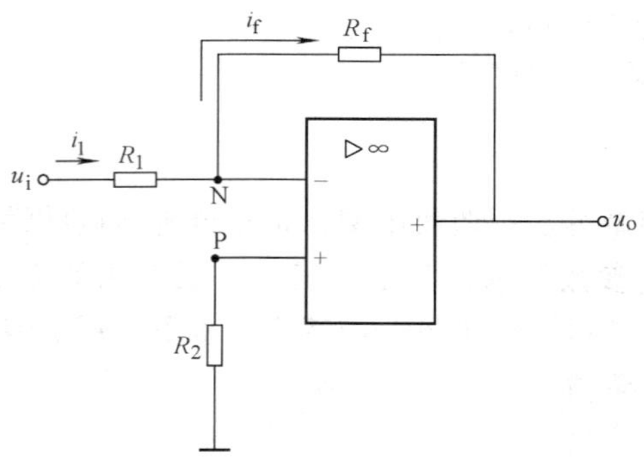

图 5-5 反相比例运算放大电路

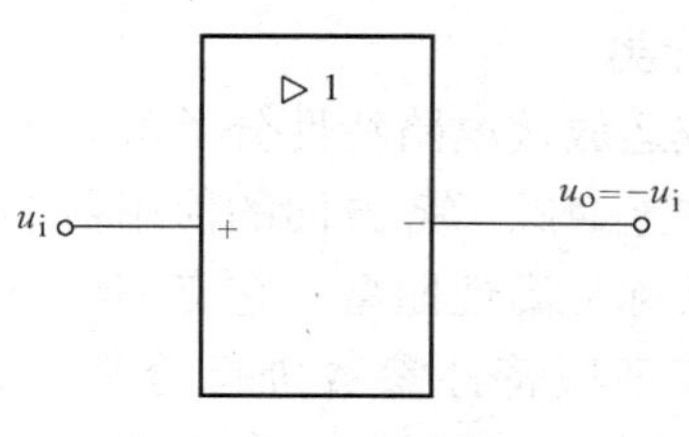

图 5-6 反相器的符号

根据"虚断"的概念，有 $i_1 = i_f$，即

$$\frac{u_i - u_N}{R_1} = \frac{u_N - u_o}{R_f}$$

经整理，放大器的电压放大倍数为

$$A_{uf} = \frac{u_o}{u_i} = -\frac{R_f}{R_1} \tag{5-1}$$

式(5-1)中"－"号表示 u_o 与 u_i 相位相反，故称为"反相放大器"。

式(5-1)经变换可得：

$$u_o = -\frac{R_f}{R_1}u_i \tag{5-2}$$

u_o 与 u_i 成比例关系，比例系数为 $-\frac{R_f}{R_1}$，故该电路又称为"反相比例运算放大器"。

若取 $R_f = R_1 = R$，则，$u_o = -u_i$，电路便成为"反相器"，反相器的图形符号如图 5-6 所示。

2. 同相比例运算放大电路

图 5-7 所示为同相比例运算放大电路。其特点是输入信号经电阻 R_2 接到同相输入端，同样，R_2 起到补偿电阻的作用，用来保证外部电路平衡对称。R_f 为反馈电阻，从输出端看，R_f 接在了输出端；从输入端看，R_f 没接在输入端，接在了反相输入端，所以 R_f 为电路引入了电压串联负反馈。

注意：同相输入集成运放，由于在反相输入端 N 对地电位 $u_N \neq 0$，所以此电路不存在"虚地"。

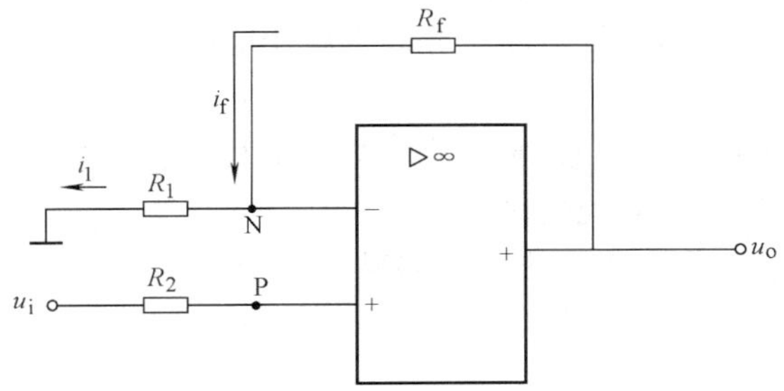

图 5-7　同相比例运算放大电路

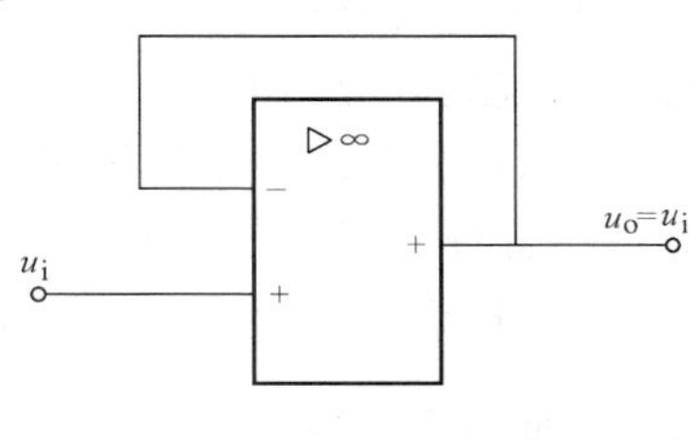

图 5-8　电压跟随器的符号

根据"虚断"的概念，$i_1 = i_f$，即

$$\frac{u_N}{R_1} = \frac{u_o - u_N}{R_f}$$

经整理：

$$u_N = \frac{R_1}{R_1 + R_f}u_o$$

根据"虚短"的概念，有：

$$u_N = u_P = u_i$$

经整理，放大器的电压放大倍数为

$$A_{uf} = \frac{u_o}{u_i} = 1 + \frac{R_f}{R_1} \tag{5-3}$$

式（5-3）表明，u_o 与 u_i 同相位，故称该放大器为"同相放大器"。

式（5-3）经变换可得：

$$u_o = \left(1 + \frac{R_f}{R_1}\right)u_i \tag{5-4}$$

由于 u_o 与 u_i 成比例关系，比例系数为 $1 + \frac{R_f}{R_1}$，故该电路又称为“同相比例运算放大器”。

若令 $R_f = 0$（短路）或 $R_1 = \infty$（开路），此时，$A_{uf} = 1$，它无电压放大作用，$u_o = u_i$，所以该电路又称为“电压跟随器”，电压跟随器的符号如图 5-8 所示。

反相放大器和同相放大器是集成运放电路所构成的最基本的运算电路，下面介绍的运算电路都是在这两种放大器的基础上演变而来的。

第二节　集成运算放大器的应用电路

集成运放工作在深度负反馈状态时，它的输出、输入量呈线性关系（即比例关系），集成运放工作在线性区，这时构成的电路称为线性应用电路。前面介绍的反相比例运算放大电路和同相比例运算放大电路及下面将介绍的各种运算电路都是属于线性应用电路。集成运放工作在开环（无反馈）或正反馈状态时，输出、输入之间对应关系不成比例，工作在非线性区，这时构成的电路称为非线性应用电路。电压比较器属于非线性应用电路。

分析集成运放应用电路的基本步骤是：

1）判断集成运放的工作区域。若集成运放引入负反馈，则集成运放工作于线性区；若集成运放是开环或引入正反馈，则集成运放工作于非线性区。

2）根据理想集成运放不同工作区的相应特点，进一步对电路进行分析。

一、加法运算电路

在反相比例运算放大电路的基础上，若将几个输入信号同时施加在集成运放的反相输入端，这样便构成了反相加法运算电路；在同相比例运算放大电路的基础上，若将几个输入信号同时施加在同相输入端，则构成同相加法运算电路。图 5-9 所示为反相加法运算电路。为满足电路平衡要求，平衡电阻 $R = R_1 /\!/ R_2 /\!/ R_f$。

电路通过 R_f 为电路引入了电压并联负反馈，所以该电路工作在线性区。根据“虚短”和“虚断”的概念可得：

$$i_1 + i_2 = i_f$$

$$i_1 = \frac{u_{i1}}{R_1}$$

$$i_2 = \frac{u_{i2}}{R_2}$$

$$i_f = \frac{u_o}{R_f}$$

经整理得：

$$u_o = -\left(\frac{R_f}{R_1}u_{i1} + \frac{R_f}{R_2}u_{i2}\right) \tag{5-5}$$

式（5-5）表明，输出电压等于输入电压按不同比例相加，实现了求和运算。式中“－”号表示输出电压和输入电压反相。

如果 $R_1 = R_2 = R_f$，则

$$u_o = -(u_{i1} + u_{i2}) \tag{5-6}$$

式（5-6）表明，输出电压等于各个输入电压之和，实现加法运算。该电路常用在测量和控制系统中，对各种信号按不同比例进行组合运算。

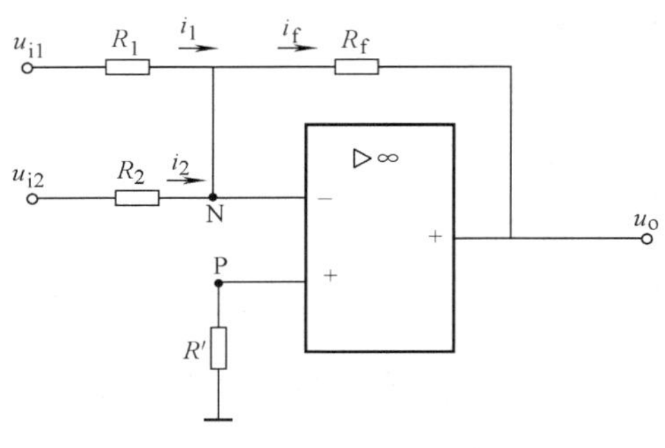

图 5-9 反相加法运算电路

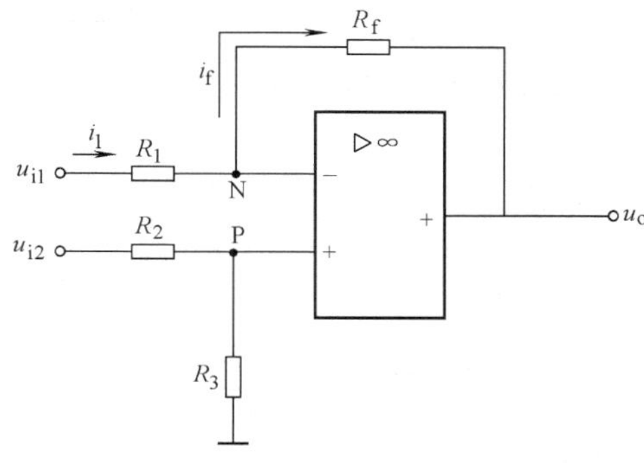

图 5-10 减法运算电路

二、减法运算电路

减法运算电路是指输出电压与多个输入电压的差值呈比例的电路，如图 5-10 所示。该电路采用差动输入方式，即反相端和同相端都有输入信号，也就是说，这种电路是由同相比例运算放大电路和反相比例运算放大电路组合而成的。根据外接电阻的平衡要求，应满足 $R_1 /\!/ R_f = R_2 /\!/ R_3$。

根据叠加原理，先求 u_{i1} 单独作用时的输出电压 u_{o1} 为

$$u_{o1} = -\frac{R_f}{R_1}u_{i1}$$

再求 u_{i2} 单独作用时的输出电压 u_{o2} 为

$$u_{o2} = \left(1 + \frac{R_f}{R_1}\right)\left(\frac{R_3}{R_2 + R_3}\right)u_{i2}$$

则 u_{i1} 与 u_{i2} 共同作用时输出电压 u_o 为

$$u_o = u_{o1} + u_{o2} = \left(1 + \frac{R_f}{R_1}\right)\left(\frac{R_3}{R_2 + R_3}\right)u_{i2} - \frac{R_f}{R_1}u_{i1} \tag{5-7}$$

当 $R_1 = R_2$，$R_f = R_3$ 时，式(5-7)可简化为

$$u_o = \frac{R_f}{R_1}(u_{i2} - u_{i1}) \tag{5-8}$$

因输出电压与两个输入电压之差成正比，故称该电路称为“减法运算电路”。

若取 $R_f = R_1$，则

$$u_o = u_{i2} - u_{i1} \tag{5-9}$$

式（5-9）表明，输出电压等于各个输入电压之差，实现减法运算。减法运算电路常作为测量放大器，用以放大各种差值信号。

三、积分运算电路

若将反相运算放大电路中的 R_f 换成电容 C 就构成了基本的积分电路，如图 5-11 所示。

根据“虚短”和“虚断”概念可得：

$$i_1 = \frac{u_i}{R}, \quad i_C = i_1, \quad u_N = u_P = 0$$

电容两端的电压 u_C 为

$$u_C = -u_o$$

经整理：

$$u_o = -\frac{1}{RC}\int u_i \mathrm{d}t \tag{5-10}$$

式（5-10）表明，输出电压与输入电压的积分成正比，$\frac{1}{RC}$为积分时间常数，负号表示输出与输入反相。

当输入阶跃信号时，输出电压波形如图 5-12a 所示。当输入方波信号，$RC \gg t_p$ 且（t_p 为脉冲宽度）时，输出电压波形如图 5-12b 所示；在自动控制系统中可以减缓过渡过程所造成的冲击，使得外加电压缓慢上升，避免机械损伤。

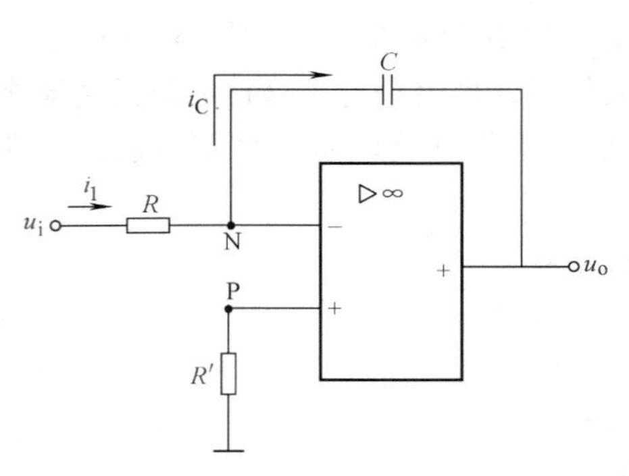

图 5-11　积分运算电路

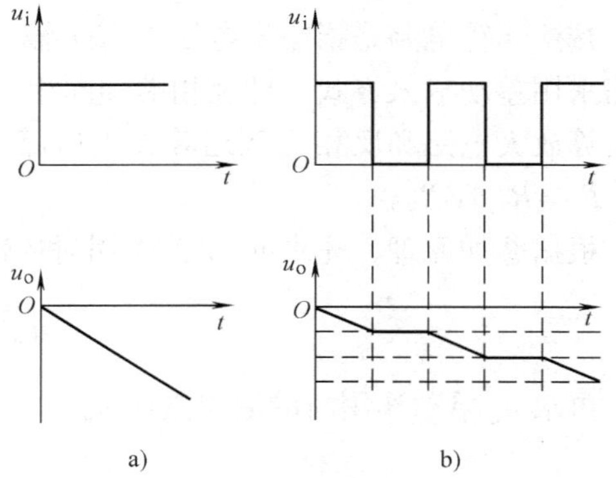

图 5-12　积分运算电路的输入和输出波形
a）输入为阶跃信号　b）输入为方波信号

四、微分运算电路

将积分运算电路中的 R 和 C 位置互换，即构成微分运算电路，如图 5-13 所示。

根据“虚短”和“虚断”的概念可得：

$$i_C = i_1$$

因为

$$u_o = -i_1 R$$

经整理：

$$u_o = -RC\frac{du_i}{dt} \tag{5-11}$$

式（5-11）表明输出电压与输入电压的微分成正比，RC 为微分时间常数，负号表示输出与输入反相。

若输入方波信号，且 $RC \ll t_p$（t_p 为脉冲宽度），则输出信号为尖脉冲波形，如图 5-14 所示。在自动控制系统中，微分运算电路常用来产生控制脉冲。

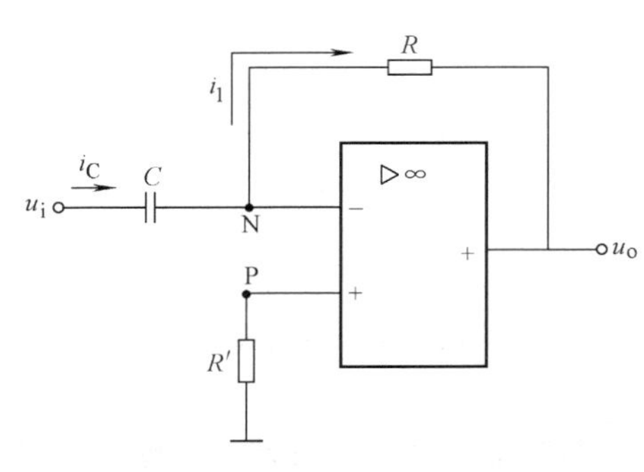

图 5-13　微分运算电路

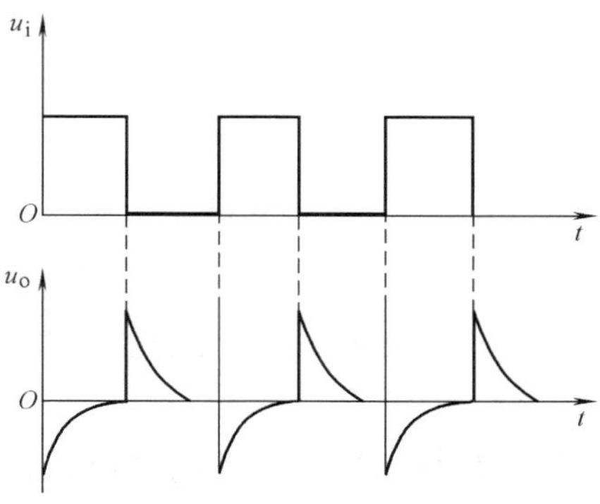

图 5-14　微分运算电路的输入和输出波形

五、电压比较器

当集成运放处于开环状态或引入正反馈时，集成运放将工作于非线性区。此时，其输出电压只有两种可能的数值，即

$$u_P > u_N \text{ 时}, u_o = +U_{om}(\text{高电平})$$

$$u_P < u_N \text{ 时}, u_o = -U_{om}(\text{低电平})$$

集成运放的这种非线性特性在数字电子技术和自动控制系统中有广泛的应用，电压比较器就是集成运放非线性应用的典型实例。

1. 单门限电压比较器

单门限电压比较器有反相输入和同相输入两种形式，其中图 5-15a 所示为反相输入形式。U_R 为已知的参考电压，施加在集成运放的同相输入端，输入电压 u_i 加在反相输入端。

当 $u_i > U_R$ 时，$u_o = -U_{om}$（低电平）

当 $u_i < U_R$ 时，$u_o = +U_{om}$（高电平）

比较器的电压传输特性如图 5-15b 所示。

若门限电平为 U_R，当 $u_i = U_R$ 时，理想集成运放的输出状态发生跳变。因输入电压只跟一个参考电压 U_R 进行比较，故此电路称为“单门限电压比较器”。

若 $U_R = 0$，比较器称为“过零电压比较器”，其传输特性如图 5-15c 所示。

利用单门限电压比较器可实现波形的变换。例如，当单门限电压比较器输入正弦波时，相应的输出电压便是矩形波，如图 5-16b 所示。

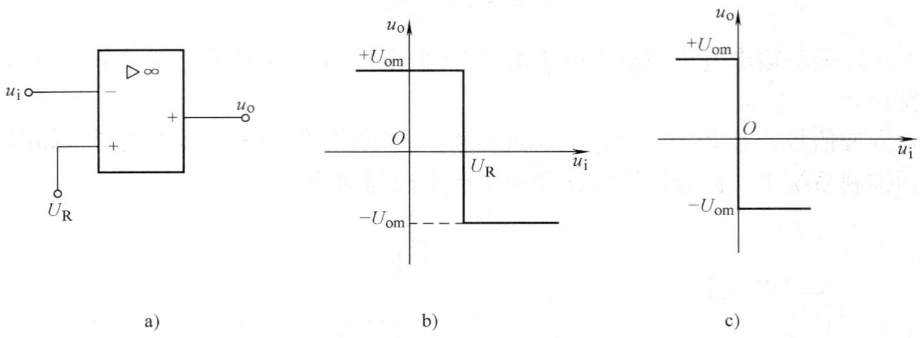

图 5-15　单门限电压比较器

a）原理电路　b）门限电平为 U_R 的传输特性　c）过零电压比较器的传输特性

单门限比较器虽然电路结构简单、灵敏度高，但是其抗干扰能力较差，当输入电压 u_i 因受干扰而在参考值附近有微小变化时，输出电压会频繁地发生跳变。若采用双门限电压比较器实现波形的变换，则可以较好地解决这种问题。

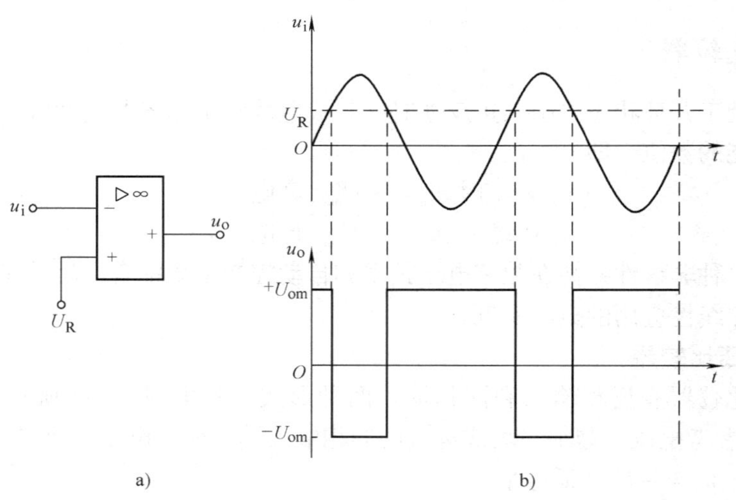

图 5-16　利用比较器实现波形变换

a）比较器　b）波形变换

2. 双门限电压比较器

双门限电压比较器又称为“迟滞比较器”，也称“施密特触发器”。它是一个含有正反馈的比较器，其原理图和传输特性如图 5-17 所示。

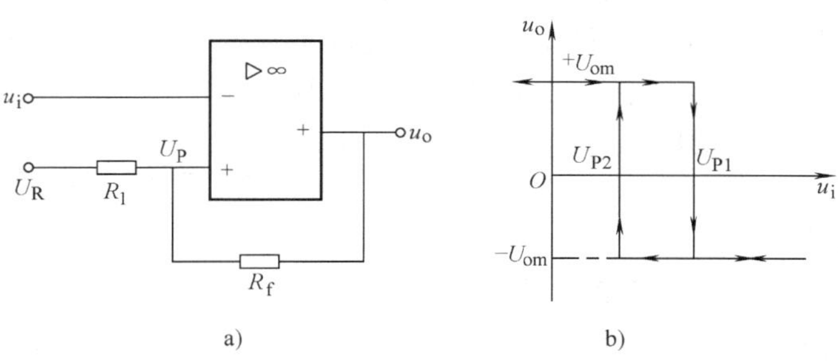

图 5-17　双门限电压比较器及其传输特性曲线
a）原理电路　b）传输特性曲线

输出电压 u_o 经 R_f 分压后加到集成运放的同相输入端，从而为电路引入了正反馈，所以集成运放工作在非线性工作区，输出只有两种可能的电压。

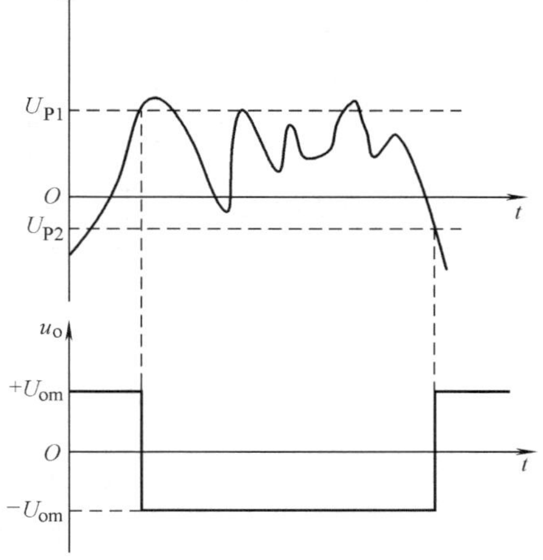

图 5-18　双门限电压比较器的抗干扰作用

当 $u_o = +U_{om}$时，门限电压用 U_{P1}表示为

$$U_{P1} = \frac{R_f}{R_f + R_1}U_R + \frac{R_1}{R_f + R_1}U_{om}$$

当输入电压上升到 $u_i = U_{P1}$时，输出电压 u_o 发生跳变，由 $+U_{om}$跳变为 $-U_{om}$，门限电压随之变为

$$U_{P2} = \frac{R_f}{R_f + R_1}U_R - \frac{R_1}{R_f + R_1}U_{om}$$

当输入电压减小，直至 $u_i = U_{P2}$时，输出电压再度跳变，由 $-U_{om}$跳变为 $+U_{om}$。

这两个门限电压之差称为回差电压，用 ΔU_P 表示为

$$\Delta U_P = U_{P1} - U_{P2} = \frac{2R_1}{R_f + R_1}U_{om}$$

由此可知，回差电压与参考电压无关。

利用双门限比较器，可以大大提高抗干扰能力。例如，当输入电压 u_i 因受干扰或含有噪声信号时，只要变化幅度不超过回差电压，输出电压就不会在此期间发生频繁地跳变，而仍保持为比较稳定的输出电压波形，如图 5-18 所示。

第三节　集成运放的使用常识

一、集成运放的正确使用

1. 调零

由于当集成运放的输入电压为零时，其输出电压并不为零，为此，在输入信号为零时需

要将输出电压调为零。集成运放调零时一般采取以下两种方法：有调零引出端的，例如CF741可外接调零电位器RP（见图5-19），通过调整电位器的阻值进行调零；无调零引出端的，可在运算放大器的输入端加一个补偿电压，从而达到调零的目的，如图5-20所示。

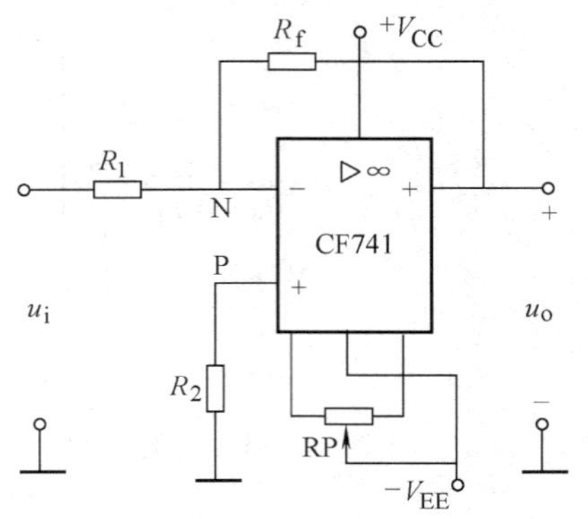

图5-19 外接调零电位器RP调零电路

2. 消除自激振荡

集成运算放大器是多级放大器，具有极高的电压放大倍数，因而极易产生自激振荡，使运算放大器不能正常工作。为了防止自激振荡的产生，通常按产品和手册的要求在补偿端子上连接指定的补偿电容或*RC*移相网络，便可消除自激振荡现象。

目前，国产的大多数集成运放，将可防止自激，振荡的补偿电容制作在内部，所以一般情况下无需外部补偿。

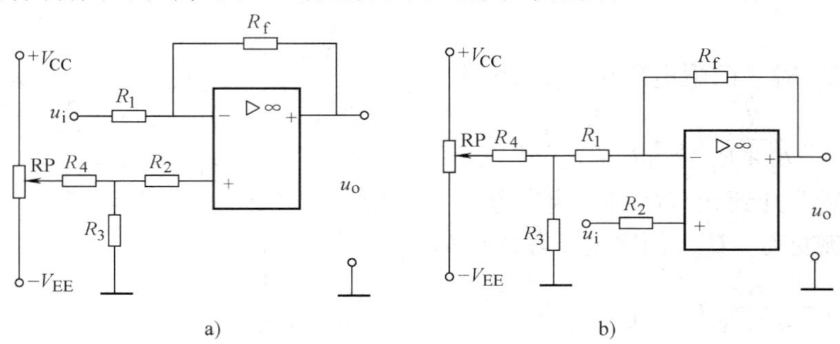

图5-20 外加补偿电压的方法进行调零的电路
a）同相输入调零 b）反相输入调零

二、集成运放的保护电路

1. 防止电源极性接反

为了防止电源极性接反而损坏集成运放，可利用二极管的单向导电性来实现。如图5-21所示，将二极管VD1、VD2串入集成电路的直流电源中，当电源极性反接时，相应二极管便截止，从而保护了集成电路。

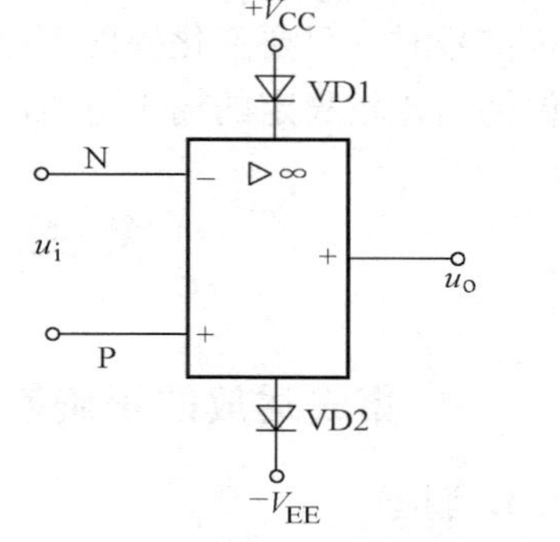

图5-21 防止电源极性接反电路

2. 输入保护电路

输入信号过大会影响集成运放的性能，甚至造成集成运放的损坏。如图5-22所示，利用二极管VD1、VD2和电阻R_1构成双向限幅电路，对输入信号的幅度加以限制。无论信号的正向电压或反向电压超过二极管的导通电压，两只二极管总会有一只导通，从而可限制

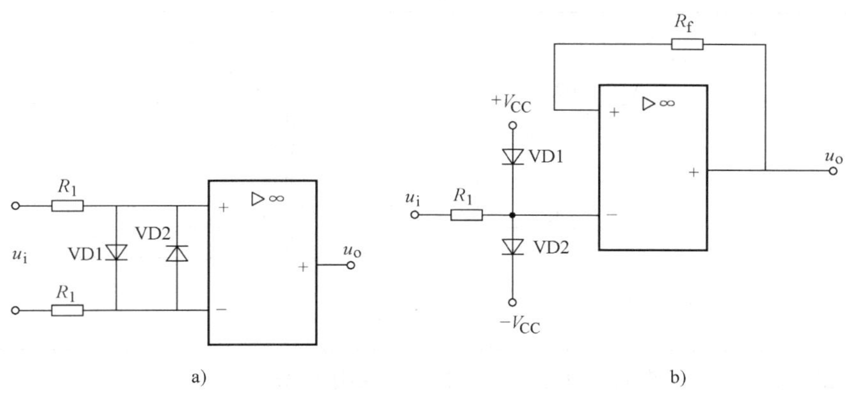

图 5-22　输入保护电路

a）双端输入保护电路　b）单端输入保护电路

输入信号，起到保护的作用。

3. 输出保护电路

为了防止输出端触及过高电压引起过电流或击穿，在集成运放输出端接上两个对接的稳压二极管加以保护，如图 5-23 所示。它可以将输出电压限制在（U_z+U_d）范围内，其中 U_z 是稳压管的稳压值，U_d 为稳压管的正向压降。

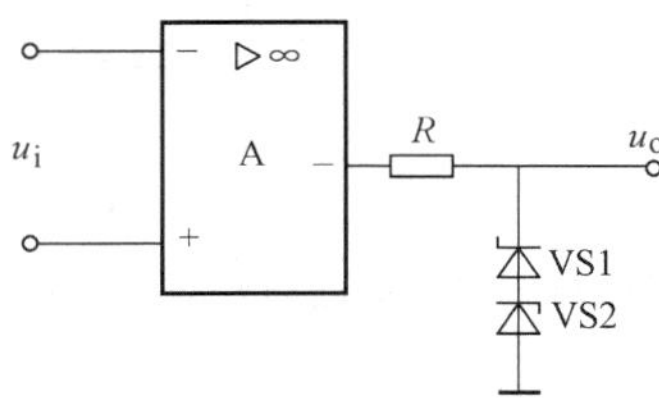

图 5-23　输出保护电路

技能训练 11　集成运放线性应用电路的安装和测试

一、训练目的

1）熟悉集成运放的引脚排列和简易测试。

2）掌握集成运算放大器的使用方法。

3）验证集成运算放大器的线性应用。

二、训练器材

（1）工具　电烙铁、焊料及常用无线电装配工具一套。

（2）仪表　+15V 的稳压电源、万用表、信号发生器和示波器。

（3）元件　本技能训练所需元器件见表 5-2。

表 5-2 所需元器件

序号	名称		规格	数量
1	集成运放		CF741	1只
2	二极管	VD1、VD2、VD3	2CZ544	3只
3		VD4	2AP11	1只
4	电阻器	R_1	10kΩ	2只
		R_2	20kΩ	2只
		R_5、R_f	100kΩ	2只
		R_6	1kΩ	1只
		R_7	200Ω	1只
5	电位器 RP		10kΩ	1只
6	实验板		—	1块

（4）测试电路　图 5-24 所示为集成运放线性应用电路。

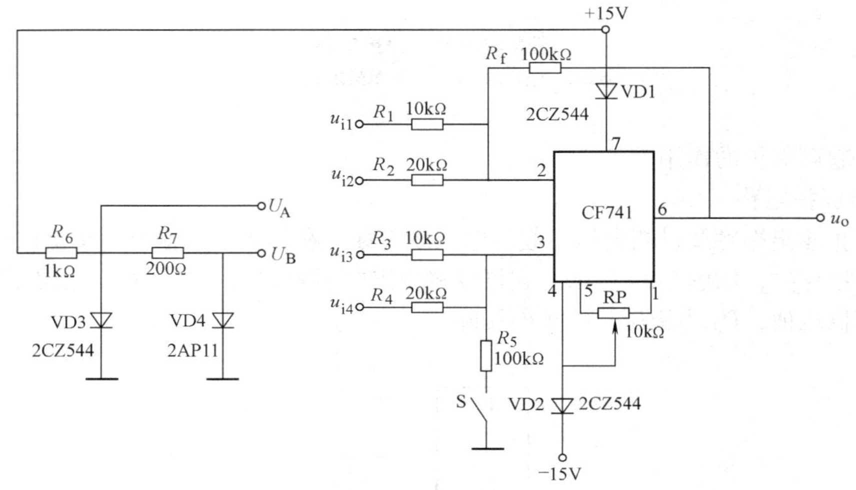

图 5-24　集成运放线性应用电路

三、训练内容及步骤

1. 熟悉集成运放的引脚排列

集成运放 CF741 各引脚功能见表 5-3。

表 5-3　CF741 各管脚功能

引脚序号	1	2	3	4	5	6	7	8
功能	调零	反相输入	同相输入	负电源	调零	输出	正电源	空脚

2. 集成运放的简易测试

将万用表置于 $R\times100$ 或 $R\times1k$ 挡，检测集成运放同相输入端与反相输入端之间的正、反向电阻；检测正负电源端以及各输入端与输出端之间的电阻，一般不应出现短路和断路现象。

3. 清点、检测元器件并对元器件进行搪锡处理

1）按表 5-2 核对元器件的数量、型号和规格，如有短缺、差错应及时补缺和更换。

2）用万用表检测元器件，对不符合质量要求的元器件剔除并更换。

3）清除元器件引脚上和实验板上的氧化层，并搪锡。

4. 按集成运放线性应用电路原理图进行组装

准备常用的无线电装配工具,将元器件插装后焊接固定,用硬铜线根据电路图进行布线,最后进行焊接固定,注意集成运放应利用电烙铁余热进行焊接,组装后的电路板如图 5-25 所示。其焊接面如图 5-26 所示。

图 5-25　集成运放线性应用电路的电路板

1—正电源　2—负电源　3—反相输入端　4—同相输入端　5—输出端　6—接地端

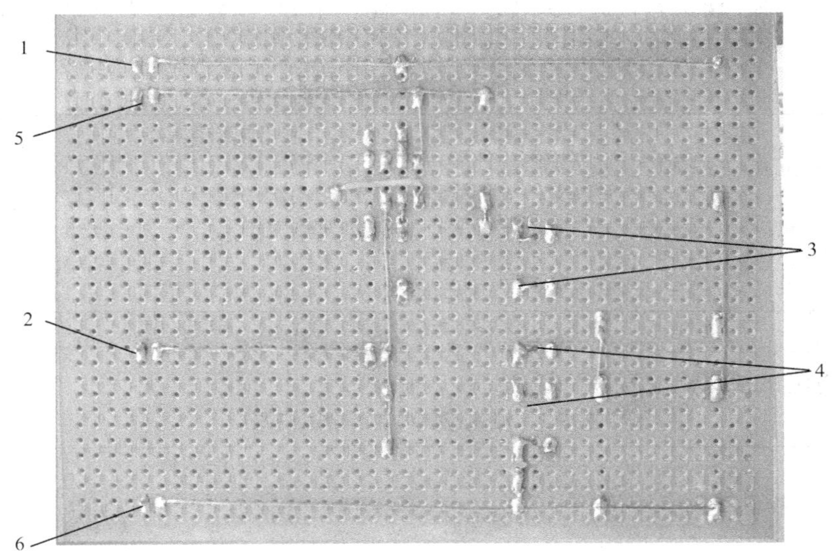

图 5-26　集成运放线性应用电路焊接面

1—正电源　2—负电源　3—反相输入端　4—同相输入端　5—输出端　6—接地端

5. 电路的测试

接通电源(集成运放 CF741 的引脚 7 接 +15V,引脚 4 接 −15V),并将引脚 2、3 两个输入端对地短路。用示波器观测输出端引脚 6 的电压,如有自激振荡现象,可按要求采用补偿电路,若仍不能消振,可在电源正、负端与地之间分别并联几千微法的电解电容和 0.01 ~0.1μF 的陶瓷电容。调节引脚 1 和 5 间的调零电位器 RP,使输出电压 $u_o=0$。

1) 用万用表测量集成运放的输入信号电压 U_A、U_B。

2) 合上开关 S,将电路接成反相比例运算放大电路,分别用 U_A、U_B 作为输入信号 u_{i1},测试运放的输出电压 u_o,将测试结果记入表 5-4 中。

表 5-4 反相比例运算放大电路的测试记录

输入电压		输出电压 u_o/V	
		实测值	计算值 $u_o=-(R_f/R_1)u_{i1}$
u_{i1}			
u_{i1}			

3) 合上开关 S,将电路接成同相比例运算放大电路,令 $u_{i2}=0$,分别用 U_A、U_B 作为输入信号 u_{i4},测试运放的输出电压 u_o,将测试结果记入表 5-5 中。

表 5-5 同相比例运算放大电路的测试记录

输入电压		输出电压 u_o/V	
		实测值	计算值 $u_o=(1+R_f/R_1)u_{i4}$
u_{i4}			
u_{i4}			

4) 合上开关 S,将电路接成反相加法运算电路,用 U_A 作为 u_{i1},U_B 作为 u_{i2},测试运放的输出电压 u_o,将测试结果记入表 5-6 中。

表 5-6 加法运算电路的测试记录

输入电压		输出电压 u_o/V	
		实测值	计算值 $u_o=-\left(\frac{R_f}{R_1}u_{i1}+\frac{R_f}{R_2}u_{i2}\right)$
u_{i1}	u_{i2}		

5) 合上开关 S,将电路接成减法运算电路,用 U_A 作为 u_{i1},U_B 作为 u_{i3},测试运放的输出电压 u_o,将测试结果记入表 5-7 中。

表 5-7 减法运算电路的测试记录

输入电压		输出电压 u_o/V	
		实测值	计算值 $u_o=-(R_f/R_1)(u_{i1}-u_{i3})$
u_{i1}	u_{i3}		

四、训练评分标准

本技能训练评分标准见表 5-8。

表 5-8 评 分 标 准

内 容	要 求	配分	评分标准	扣分	得分
元器件检测	元件器完好、无损坏	15 分	每处错误扣 3 分		
电路安装	电路安装正确、完整	15 分	电路安装不正确每处扣 5 分		
	布局层次合理，主次分明	10 分	每处不符合扣 3 分		
	接线规范：布线美观，横平竖直	5 分	每处不符合扣 1 分		
	排列整齐	5 分	不整齐扣 3 ~ 5 分		
	按图焊接，接线牢固，无虚焊、漏焊，焊点光滑、无毛刺	10 分	焊点粗糙扣 3 ~ 5 分，虚焊、漏焊，每处扣除 3 ~ 5 分		
输入信号电压的测量	能正确使用万用表测量集成运放的输入信号电压 U_A、U_B	4 分	每处错误扣 2 分		
电路接成不同运算电路	能正确计算和测量各种运算电路输出电压	26 分	每处错误扣 4 分		
安全生产	安全、文明操作	10 分	有违反者扣 10 分		

本 章 小 结

1）集成运放电路是具有高放大倍数的多级直接耦合放大器。它一般由输入级、中间级、输出级和偏置电路四部分组成。为了抑制零漂和提高共模抑制比，常采用差动放大电路作为输入级；中间级为电压增益级；互补对称电压跟随电路常用于输出级。

2）集成运放电路除通用型之外，还有满足各种特殊要求的专用型集成运放，如低功耗、高输入阻抗型、宽带型、低漂移型等，可根据实际需要选用。

3）集成运放有线性应用和非线性应用两大类，在线性应用时可利用“虚短”和“虚断”进行分析；在非线性应用时，“虚短”不再成立，而“虚断”的概念仍然可以利用，输出电压只有两种状态，$+U_{om}$和$-U_{om}$。

4）集成运放工作在线性区域的标志是电路中引入有负反馈（一般是深度负反馈），加法器、减法器、积分器和微分器是集成运放的线性应用电路；工作在非线性区的主要标志是电路中没有负反馈（开环）或引入正反馈，单门限电压比较器和双门限电压比较器是集成运放的非线性应用电路。

5）集成运算放大器有反相比例运算和同相比例运算两种基本电路。其中反相比例运算电路是一种电压并联负反馈电路，信号从反相输入端输入，输出电压和输入信号电压成比例，且相位相反；同相比例运算电路是一种电流串联负反馈，信号从同相输入端输入，输出电压和输入信号电压成比例，且相位相同。这两种电路实质上是集成运放的线性应用电路。

复习思考题

1. 集成运放工作在线性区和非线性区时，各有什么特点？

2. 什么叫“虚短”、“虚地”？什么叫“虚断”？在什么情况下存在“虚地”？

3. 指出图 5-27 所示电路属于哪种电路？其中 $R_1=5.1\text{k}\Omega$，$u_i=0.2\text{V}$，$u_o=-3\text{V}$，试计算 R_f 的阻值。

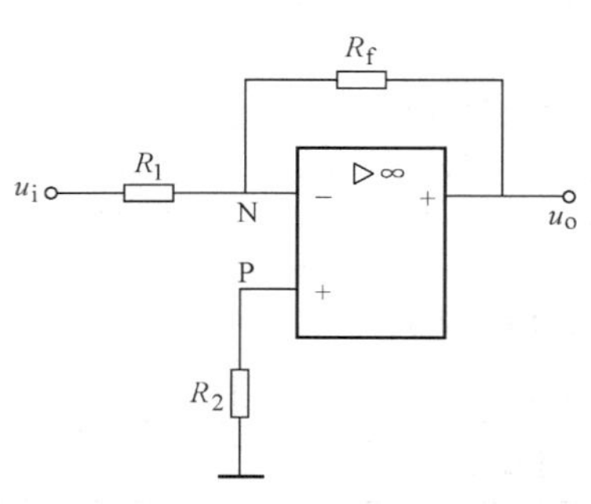

图 5-27

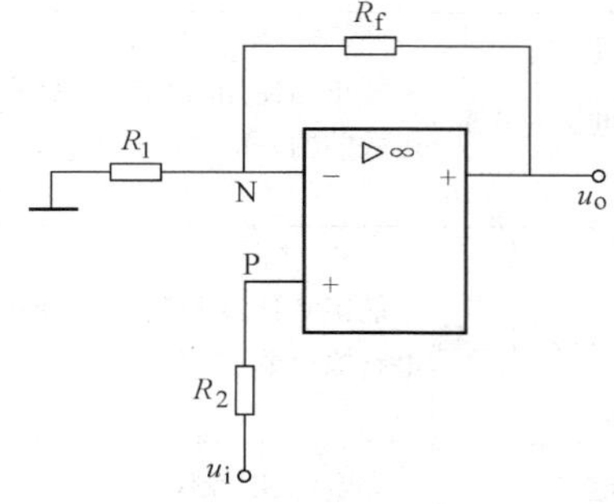

图 5-28

4. 指出图 5-28 所示电路属于哪种电路？若 $R_f=100\text{k}\Omega$，$u_i=0.1\text{V}$，$u_o=2.1\text{V}$，试计算 R_1 的阻值。

5. 画出输出电压 u_o 与输入电压 u_i 满足下列关系式的集成运放电路。

（1）$u_o/u_i=-1$　（2）$u_o/u_i=1$

（3）$u_o/u_i=20$　（4）$u_o/(u_{i1}+u_{i2}+u_{i3})=-10$

6. 在图 5-29 中，已知 $u_{i1}=4\text{V}$，$u_{i2}=-3\text{V}$，$u_{i3}=-2\text{V}$，试计算输出电压 u_o 的值。

7. 指出图 5-30 所示电路属于哪种电路？并计算 u_{o1} 和 u_o 的电压值（$R_1=3\text{k}\Omega$，$R_2=10\text{k}\Omega$，$R_3=10\text{k}\Omega$，$R_{f1}=51\text{k}\Omega$，$R_{f2}=24\text{k}\Omega$，$u_{i1}=0.1\text{V}$，$u_{i2}=0.5\text{V}$）。

8. 图 5-31 所示为单门限电压比较器及其输入电压波形，试画出对应于输入电压 u_i 的输出电压 u_o 的波形。

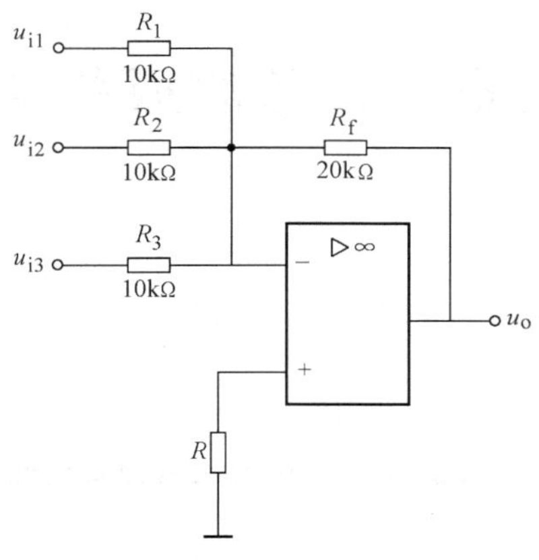

图　5-29

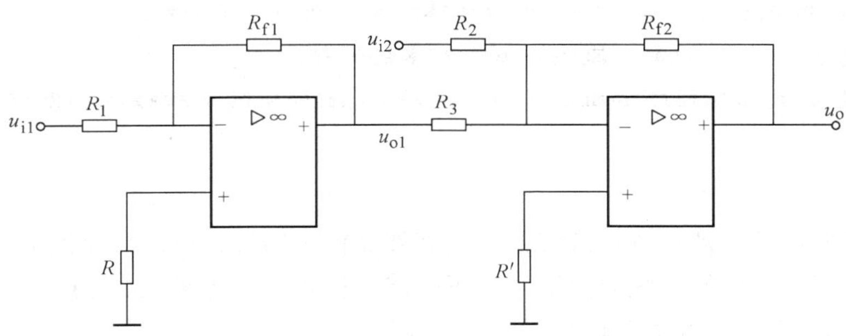

图　5-30

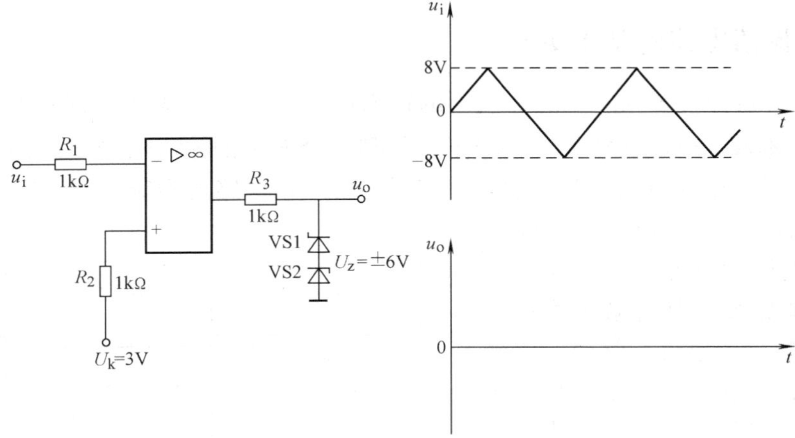

图　5-31

第六章　正弦波振荡电路

学习目标

正弦波振荡电路无需外加输入信号，利用直流电源提供的能量，自动输出具有一定频率和振幅的正弦交流信号。

本章的学习目标是：

1. 了解自激振荡建立的过程。了解正弦波振荡电路的组成及振荡的条件。
2. 掌握正弦波振荡的判断方法，能对具体的电路进行分析判断。
3. 掌握 *LC* 振荡电路的工作原理及振荡频率的计算方法。
4. 掌握 *RC* 桥式振荡电路的组成、*RC* 串并联选频网络的选频特性和振荡频率的计算方法。

正弦波振荡电路是一种能量转换装置，无需外加输入信号，可以把直流电源提供的能量转换成有一定频率和振幅的正弦交流信号。正弦波振荡电路按电路的结构不同，分为 *LC* 正弦波振荡电路、*RC* 正弦波振荡电路和石英晶体振荡器等。

第一节　正弦波振荡电路的基本原理

一、自激振荡电路的基本组成

在图 6-1 中，将开关 S 掷向“1”，较小的输入信号 u_i 经过开关 S 送到基本放大电路的输入端，经过基本放大电路的放大，在输出端得到一个较大的输出信号 u_o，这是一般的放大电路。当把开关 S 瞬时掷向“2”，将输出信号通过反馈电路送到输入端，反馈电压 u_f 与原输入信号电压 u_i 大小相等，相位相同，即用反馈电压代替外加的输入信号电压。由于基本放大电路的输入信号没有改变，输出信号 u_o 也没有改变，反馈信号 u_f 得以维持。整个电路在没有外加输入信号 u_i 的情况下，将继续保持稳定的输出信号。

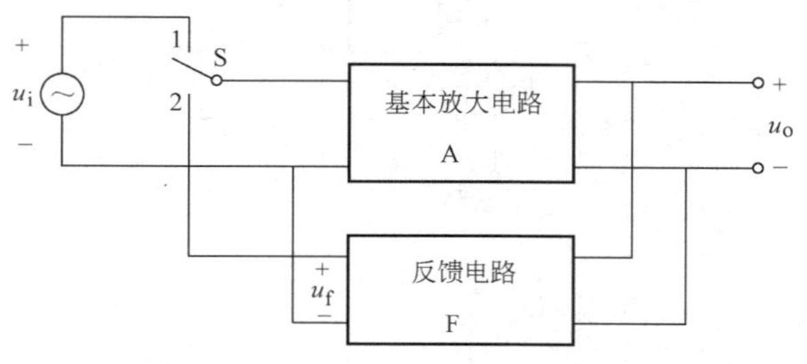

图 6-1　正弦波振荡电路的基本组成

显然，在图 6-1 中，当开关 S 掷向

"2"时就构成了一个振荡电路。由图 6-1 可以看出，振荡电路由一个基本放大电路和一个正反馈电路组成。但要产生单一频率的正弦波信号，还必须有选频电路（或选频网络）。

二、自激振荡产生的条件

由于振荡器无需外加信号，而是用反馈信号作为输入信号，因此要产生等幅振荡必须保证每次送回到输入端的反馈信号 u_f 与原输入信号 u_i 完全相同，即不仅要幅度相等，而且相位相同。

1. 幅度条件

若反馈信号 u_f 与原输入信号 u_i 幅值相同，即

$$u_f = u_i$$

由于

$$A_u = \frac{u_o}{u_i} \qquad F = \frac{u_f}{u_o}$$

则

$$A_{uF} = \frac{u_o}{u_i}\,\frac{u_f}{u_o} = \frac{u_f}{u_i} = 1$$

即

$$A_u F = 1 \tag{6-1}$$

式(6-1)中 A_u 表示基本放大电路的开环放大倍数,F 表示反馈电路的反馈系数。

2. 相位条件

若反馈信号 u_f 与输入信号 u_i 相位相同,也就是正反馈,即

$$\varphi_A + \varphi_F = \pm n360° \tag{6-2}$$

式(6-2)中 φ_A表示基本放大电路的相位差(放大电路的输出信号与输入信号间的相位差);φ_F 表示反馈电路的相位差(反馈电路的输出信号与反馈电路的输入信号间的相位差);$n = 0,1,2,3,\cdots$

三、自激振荡的建立与稳幅

当振荡电路刚接通电源的瞬间，电路中会产生一个微弱的冲击信号，这个冲击信号包含多种频率成分，通过选频电路能选择出某一特定频率的信号，该信号经放大—选频—正反馈—放大的正反馈过程，信号逐渐增大，而其他频率信号被衰减掉了。

可见，振荡电路能否起振 ，除了电路必须引入正反馈之外，反馈信号 u_f 应比输入信号 u_i 的幅度要大，即

$$A_{uF} = \frac{u_o}{u_i}\,\frac{u_f}{u_o} > 1$$

振荡电路自行起振后，由于电路构成的是正反馈，输出信号的幅度会不断增大，那么，输出信号的幅度会不会无限增大呢?

实际上是不会的。由于晶体管是非线性器件，当振荡幅度增大至一定程度后，振荡电路中的晶体管将进入非线性区，晶体管的 β 将会减小，放大电路的电压放大倍数 A_u 也会减小，从而使 $A_u F$ 减小，当 $A_u F = 1$ 时，输出幅度将维持一定的幅度，既不增大，也不减小。

综上所述，正弦波振荡电路能够振荡的条件为

$$\begin{cases} A_u F \geqslant 1 \\ \varphi_A + \varphi_F = \pm n360° \end{cases}$$

也就是说，要保证振荡电路能够振荡必须同时满足上述两个条件，这两个条件中相位平衡条件是关键。

第二节　LC 正弦波振荡电路

LC 正弦波振荡电路主要用来产生 1MHz 以上的高频振荡信号。常用的 *LC* 正弦波振荡电路有变压器反馈式、电感三点式和电容三点式三种。

一、LC 并联谐振电路的选频特性

LC 正弦波振荡电路的选频网络是 *LC* 并联谐振电路，能产生较高频率的信号。*LC* 并联谐振电路如图 6-2 所示。

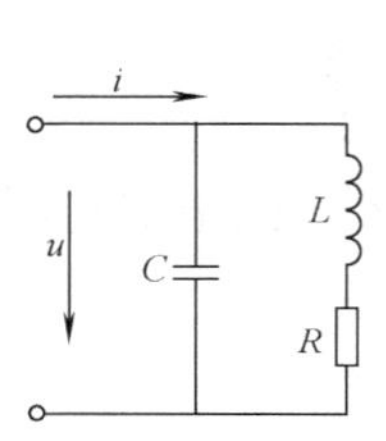

图 6-2　*LC* 并联电路

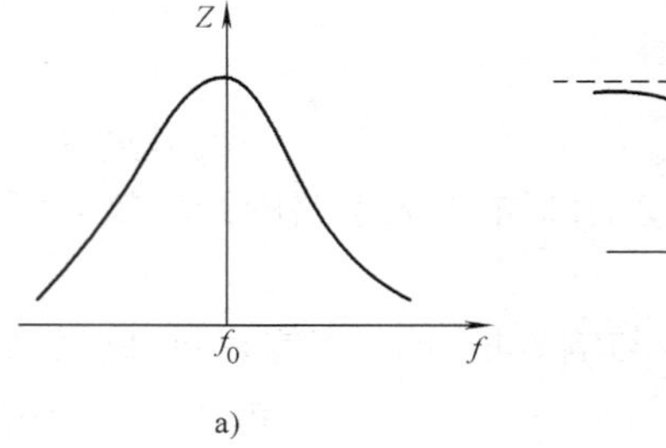

图 6-3　*LC* 并联电路的频率特性
a）幅频特性　b）相频特性

图 6-3 所示为 *LC* 并联电路的频率特性，由幅频特性和相频特性曲线可以看出，当电路发生谐振（$f = f_0$）时，等效阻抗 *Z* 最大，相移 $\varphi = 0°$，*LC* 并联电路呈纯电阻性。当信号频率 f 偏离 f_0 时，等效阻抗 *Z* 迅速减小，相移 $\varphi \neq 0°$。可见 *LC* 并联电路具有选频特性，*LC* 并联谐振电路的谐振频率 f_0 为

$$f_0 = \frac{1}{2\pi\sqrt{LC}} \tag{6-3}$$

式中　f_0——电路的振荡频率，单位为 Hz；
　　L——谐振电路的总电感，单位为 H；
　　C——谐振电路的总电容，单位为 F。

f_0 仅与谐振电路的电感和电容的参数有关，当 L 或 C 任一个改变 f_0 也将发生相应的改变。

二、变压器反馈式振荡电路

1. 电路组成

图 6-4 所示为变压器反馈式振荡电路。由晶体管 VT 和 R_1、R_2、R_3 构成静态工作点稳定的分压式发射极偏置放大电路，*LC* 并联谐振电路为电路的选频网络，通过变压器的二次线

圈 N_2 经耦合电容 C_1 构成正反馈电路。满足正弦波振荡电路的三个组成部分。通过变压器的二次线圈 N_3 向负载 R_L 提供正弦波振荡信号。

2. 振荡条件

（1）幅度条件　当 LC 并联电路发生谐振（$f=f_0$）时阻抗最大，并且为纯电阻性。若把 LC 并联谐振电路代替集电极电阻就可构成选频放大电路，对 f_0 信号有很大的放大倍数，而偏离 f_0 的信号放大倍数急剧下降，不再满足振荡的幅度条件。

（2）相位条件　假设晶体管输入端的瞬时极性为“+”，根据共射极选频放大电路的基极和集电极的相位关系可知，集电极的瞬时极性为“-”，在 LC 并联电路谐振（$f=f_0$）时，相当于纯电阻，L 两端的瞬时极性为上“+”、下“-”。根据同名端的位置可知，二次线圈 N_2 的瞬时极性为上“+”、下“-”。经耦合电容 C_1 送回基极的信号为“⊕”，因反馈到输入端的信号极性为与原假设输入端的极性相同，电路构成的是正反馈，满足相位条件。

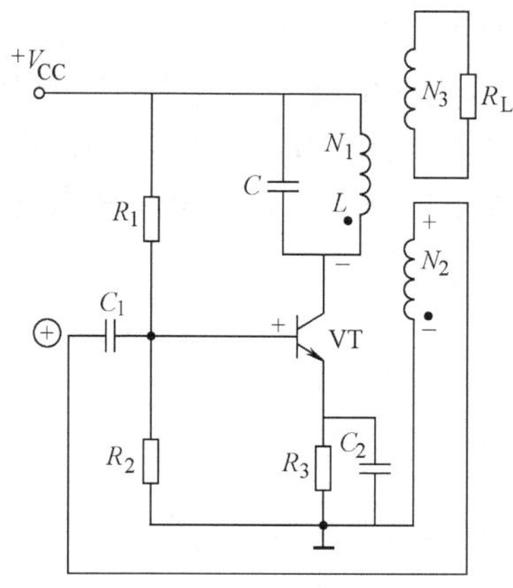

图 6-4　变压器反馈式振荡电路

由以上分析可知，电路满足幅度和相位条件，所以电路能够振荡。

3. 振荡频率

由选频电路的频率特性可知，只有频率等于 LC 并联电路的谐振频率 f_0 时，电路才满足振荡器的相位条件。所以电路的振荡频率就是 LC 并联电路的谐振频率 f_0，即

$$f_0=\frac{1}{2\pi\sqrt{LC}}$$

改变电感 L 或电容器 C 的大小时，均可改变振荡频率 f_0。在实际应用中，电容器 C 一般选用可变电容器，通过调节可变电容器的容量，可连续调整输出信号的频率。如收音机的调台就是通过调整可变电容来实现的。

4. 电路特点

电路起振容易；频率调节方便，通过改变电容的电容量，来调节频率的高低，振荡频率不高，一般小于几十兆赫。其缺点是输出波形不好。

三、电感三点式振荡电路

1. 电路组成

图 6-5 所示为电感三点式振荡电路，图 6-6 所示为其简化交流等效电路。由于电感的三个引出端分别与晶体管的三个电极相连，所以称为电感三点式振荡电路。可以看出，R_1、R_2 和 R_3 为电路提供稳定的静态工作点，L_1、L_2 与 C 构成振荡电路的选频网络，反馈电压取自 L_2 两端。

注意：选频网络中的电感线圈对直流信号来说是短路，电容 C 对交流信号不可视为短路。

2. 振荡条件

在图6-6所示电路中，晶体管工作于选频放大状态，只要放大电路的工作点合适，且电感线圈抽头的位置适当，幅度条件就能满足。

对于相位条件的判断，可采用瞬时极性法：假设给基极施加一个瞬时极性为“+”的信号，则集电极输出的信号为“-”，*LC*选频电路的另一端瞬时极性为“+”，反馈回基极的瞬时极性为“⊕”，如图6-6所示。因此，电路满足相位平衡条件，所以电路能够振荡。

*LC*选频电路中，电感的三个引出端分别与晶体管的三个电极相连，其中与发射极相连的为两个电抗性质相同的电感，不与发射极相连的（与基极和集电极相连的）为与之电抗性质相反的电容，这种电路称为电感三点式振荡电路。

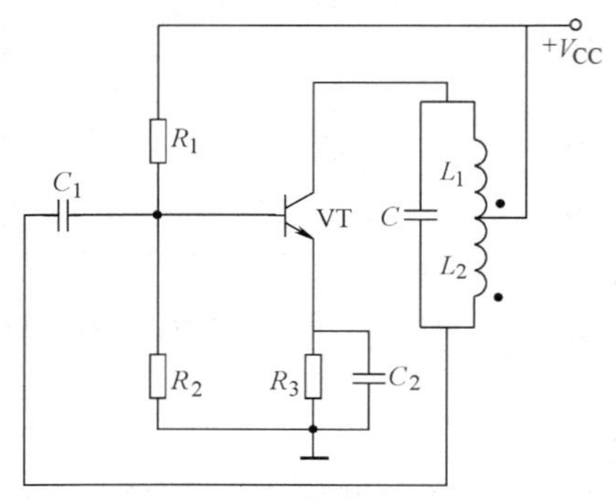

图6-5 电感三点式振荡电路

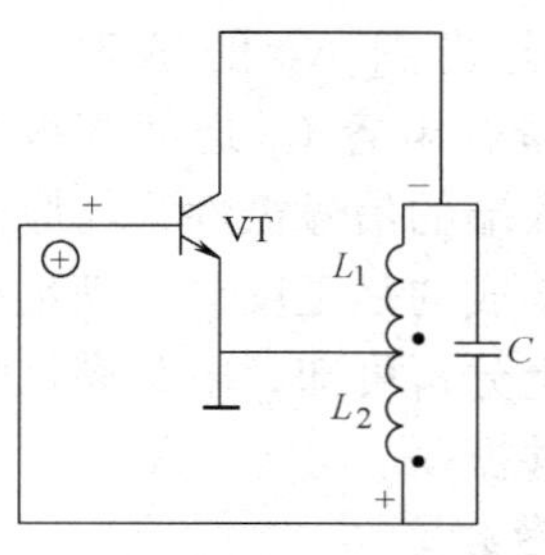

图6-6 交流等效电路

3. 振荡频率

电路的振荡频率等于*LC*并联电路的谐振频率，即

$$f_0 = \frac{1}{2\pi\sqrt{LC}}$$

式中，L为电路的总电感（L_1和L_2是顺向串联，等效电感量$L = L_1 + L_2 + 2M$）。

4. 电路特点

由于线圈L_1与L_2之间耦合很紧，因此比较容易起振；频率调节方便，通过调整电容的容值，可调节频率的大小，但工作频率不高，一般可达到1兆赫至几十兆赫之间。其缺点是：同变压器反馈式振荡电路一样，输出波形较差。

四、电容三点式振荡电路

1. 电路组成

图6-7所示为电容三点式振荡电路，图6-8所示为电容三点式振荡电路的简化交流等效电路。在图6-7中，晶体管与其偏置电路构成了静态工作点稳定的基本放大电路，在集电极加接电阻R_C，用以提供集电极直流通路。C_1、C_2和L构成了*LC*选频电路；正反馈信号取自电容器C_2的两端。

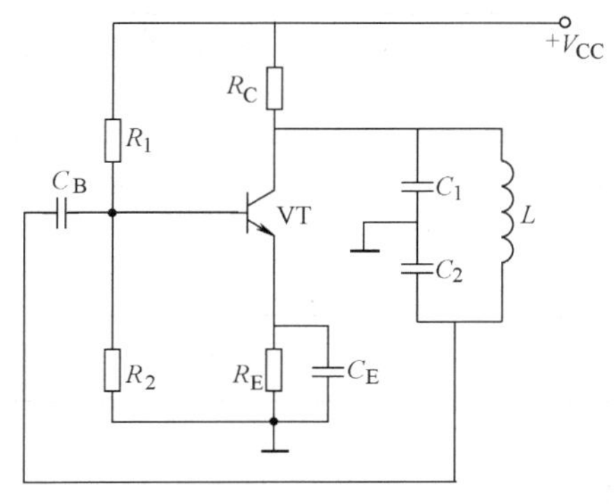

图 6-7　电容三点式振荡电路

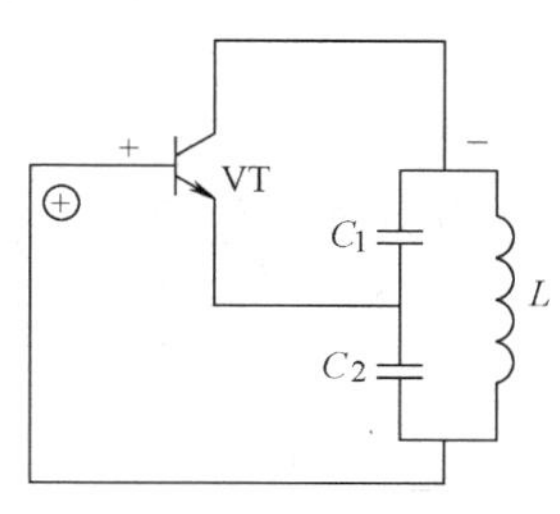

图 6-8　交流等效电路

2. 振荡条件

相位条件的判断，利用瞬时极性法，假设给基极施加一瞬时极性为“ + ”的信号，集电极输出为“ − ”，*LC* 回路的另一端瞬时为“ + ”，反馈回基极的瞬时极性为“⊕”，与原假设输入信号同号，电路满足相位平衡条件，所以电路能够起振。

LC 选频电路中，电容的三个引出端分别与晶体管的三个电极相连，其中与发射极相连的为两个电抗性质相同的电容，不与发射极相连的（与基极和集电极相连的）为与之电抗性质相反的电感，这种电路称为电容三点式振荡电路。

3. 振荡频率

振荡电路的振荡频率等于 *LC* 并联谐振电路的谐振频率，即

$$f_0 = \frac{1}{2\pi\sqrt{LC}}$$

式中，$C = C_1C_2/(C_1 + C_2)$。

4. 电路特点

振荡频率较高，一般可达到 100MHz 以上，而且输出波形较好。其缺点是调节频率不便，因此这种电路适用于产生固定频率的信号。

技能训练 12　*LC* 振荡电路的安装和测试

一、训练目的

1）能够正确组装电容三点式振荡器。

2）能够用示波器观察电路振荡的输出波形，了解电路的工作原理。

二、训练器材

（1）工具　电烙铁、焊料及常用无线电装配工具一套。

（2）仪表　+12V 的稳压电源、万用表、示波器。

（3）元件　本技能训练所需元器件见表 6-1。

表 6-1　所需元器件

序　号	名　称		规　格	数　量
1	晶体管 VT		VT9014	1 只
2	电位器	RP1	47kΩ	1 只
		RP2	1kΩ	1 只
3	电阻器 R_1、R_2、R_3		4.7kΩ	3 只
4	电容器	C_3、C_4	10μF/25V 电解电容	2 只
		C_1、C_2	1μF	2 只
5	电感 L		5mH	1 只
6	实验板		—	1 块

（4）测试电路　图 6-9 所示为电容三点式振荡电路。

三、训练内容及步骤

1. 清点、检测元器件并对元器件进行搪锡处理

1）按表 6-1 核对元器件的数量、型号和规格，如有短缺、差错应及时补缺和更换。

2）用万用表检测元器件，对不符合质量要求的元器件剔除并更换。

3）清除元器件引脚上和实验板上的氧化层，并搪锡。

2. 按电容三点式振荡电路原理图进行组装

将元器件插装后再焊接固定，用硬铜导线根据电路的电气连接关系进行布线并焊接固定，组装后的电路板如图 6-10 所示，其焊接面如图 6-11 所示。

3. 电路的测试

用示波器测量并观察输出波形，仔细调节 RP1 和 RP2，使得输出为稳定的不失真的正弦波，记录波形的形状，测量正弦波的频率和最大值。把测试的结果填入表 6-2 中。

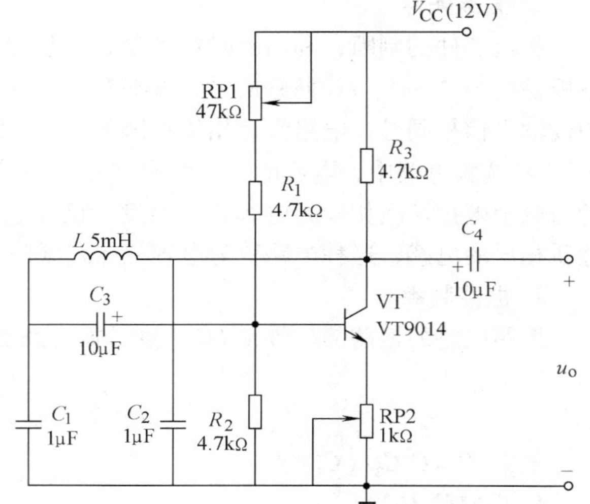

图 6-9　电容三点式振荡电路

表 6-2　测 试 记 录

波形形状	u_o ／ O ／ t
频率 f	
最大值 U_m	

其中用示波器测量波形时，①垂直输入灵敏度选择开关（V/Div）置于每格________V 挡；②扫描时间转换开关（s/Div）置于每格________ms 挡。

图 6-10　电容三点式振荡器的电路板

1—电源　2—输出端　3—接地端

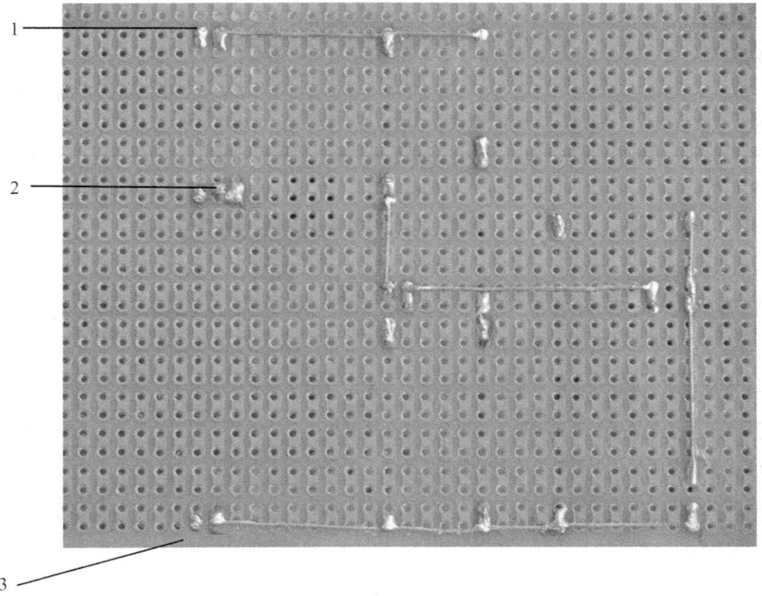

图 6-11　电容三点式振荡器的焊接面

1—电源　2—输出端　3—接地端

四、训练评分标准

本技能训练评分标准见表 6-3。

表 6-3 评 分 标 准

内 容	要 求	配 分	评分标准	扣分	得分
元器件检测	元器件完好、无损坏	15 分	每处错误扣 3 分		
电路安装	电路安装正确、完整	15 分	电路安装不正确每处扣 5 分		
	布局层次合理，主次分明	10 分	每处不符合扣 3 分		
	接线规范，布线美观，横平竖直	5 分	每处不符合扣 1 分		
	排列整齐	5 分	不整齐扣 3 ~ 5 分		
	按图焊接，接线牢固，无虚焊、漏焊，焊点光滑、无毛刺	10 分	焊点粗糙扣 3 ~ 5 分，虚焊、漏焊，每处扣除 3 ~ 5 分		
调试	通电调试应成功	10 分	不成功扣 10 分		
波形的测量	正确使用示波器测量波形，测量的结果（波形形状和幅度）要正确	20 分	一处错误扣 5 分		
安全生产	安全、文明操作	10 分	违反者扣 10 分		

第三节 *RC* 正弦波振荡电路

LC 正弦波振荡电路一般用来产生频率为几百千赫到几百兆赫的振荡。如果要产生几千赫或更低频率的振荡时，*L* 和 *C* 取值就相当大，而大电感、大电容的制作比较困难，且成本高。由 *RC* 选频电路构成的 *RC* 正弦波振荡电路，则显得方便而经济，可产生 200kHz 以下的低频正弦波信号。由于 *RC* 桥式正弦波振荡电路具有结构简单、易于调节等优点，所以常被采用。

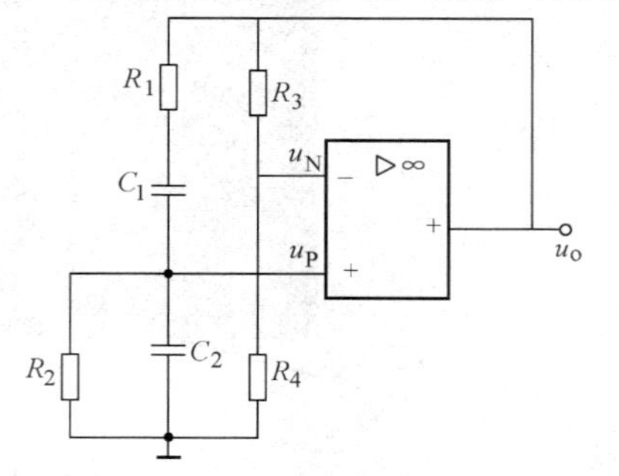

图 6-12 *RC* 桥式振荡电路

RC 桥式振荡电路的选频网络是 *RC* 串、并联网络，能产生较低频率的信号。

一、RC 桥式振荡电路的组成

图 6-12 所示为 RC 桥式振荡电路。其中放大电路由集成运放组成（也可由分立元件所构成的两级放大电路组成）；R_3 和 R_4 构成负反馈支路；R_1C_1 和 R_2C_2 组成串并联网络，它构成正反馈支路。R_3、R_4 和 R_1C_1 串联电路、R_2C_2 并联电路正好构成电桥的四个桥臂，故称之为 RC 桥式振荡电路。

显然，R_1C_1 和 R_2C_2 组成的串并联网络可用来实现正反馈和选频。

二、RC 串并联网络的选频特性

将电阻 R_2、电容 C_2 并联后，再与 R_1、C_1 的串联电路串联，便构成 RC 串并联网络，如图 6-13a 所示。其中 u_i 为输入电压，u_o 为输出电压。下面简要分析该网络的频率特性。

一般取 $R_1 = R_2 = R$，$C_1 = C_2 = C$，其幅频特性与相频特性分别如图 6-13b、c 所示。

当 $f = f_0$ 时，电路发生谐振，这时 $F_{max} = u_o/u_i = 1/3$，且附加相移 $\varphi_f = 0°$，串并联网络的谐振频率为

$$f_0 = \frac{1}{2\pi RC}$$

由此可见，谐振频率的大小取决于谐振电路的 R、C 的参数。

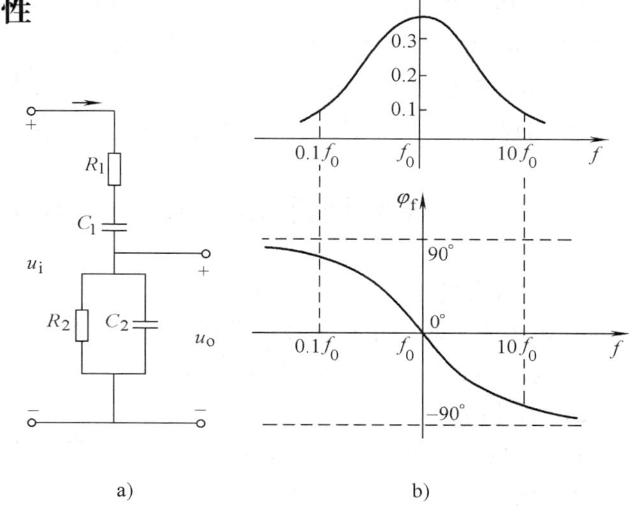

图 6-13　RC 串并联网络
a）RC 串并联电路　b）幅频特性和相频特性

三、振荡条件的判断及振荡频率

用瞬时极性法判断电路的相位条件，假设同相输入端的瞬时极性为“＋”，经集成运放的放大，移相 $\varphi_A = \pm n360°$，输出瞬时极性也为“＋”；RC 串并联电路中当 $f_0 = \frac{1}{2\pi RC}$时，相移 $\varphi_F = 0°$，这时送回同相输入端的信号瞬时极性仍为“＋”，总相移 $\varphi_A + \varphi_F = \pm n360°$满足相位条件，所以，电路能够起振。

根据上面的分析可知，当 $f = f_0$ 时，$\varphi_F = 0°$，这时总相移 $\varphi_A + \varphi_F = \pm n360°$，即电路满足相位条件；当 $f \neq f_0$ 时，因 $\varphi_F \neq 0°$，这时总相移 $\varphi_A + \varphi_F \neq \pm n360°$，即不满足相位平衡条件，所以不可能自激振荡。该电路的振荡频率为

$$f_0 = \frac{1}{2\pi RC}$$

改变选频网络的 R 和 C 值可以实现振荡频率的调节。通常电阻和电容采用双连电位器或双连电容器，可方便地调节输出信号的频率，目前生产和实验中常用的音频振荡器大多采

用这种电路形式。

四、稳幅措施

振荡电路产生正弦振荡还必须满足起振条件 $A_uF \geqslant 1$。由以上分析可知 $f = f_0$ 时，串并联网络的反馈系数最大，即 $F_{max} = 1/3$。因此，根据起振条件，电压放大倍数只要满足 $A_u > 3$ 即可，这个条件很容易满足。

实际应用中，通过 R_3 与 R_4 为电路引入电压串联负反馈，达到降低放大倍数，稳定输出幅度的目的。其中 R_3 为具有负温度系数的热敏电阻，当输出幅度 u_o 增大时，通过负反馈电路的电流增大，R_3 上功耗加大，温度升高，R_3 阻值减小，负反馈增强，使放大器的电压放大倍数 A_u 下降，输出电压幅度 u_o 减小，当 $A_uF = 1$ 时，输出幅度 u_o 保持稳定。相反，当输出电压减小时，R_3 的负反馈会使电压放大倍数 A 增大，当 $A_uF = 1$ 时，输出幅度 u_o 保持稳定。

技能训练 13　*RC* 振荡电路的安装和调试

一、训练目的

1）按步骤组装一个用集成电路组装的 *RC* 桥式振荡器。

2）能用示波器观察电路振荡的输出波形，了解电路的工作原理。

二、训练器材

（1）工具　电烙铁、焊料及常用无线电装配工具一套。

（2）仪表　直流稳压电源、万用表和示波器。

（3）元件　本技能训练所需元器件见表 6-4。

表 6-4　所需元器件

序　号	名　称	规　格	数　量
1	集成运放	CF741	1 只
2	稳压二极管 VS1、VS2	2CW53	2 只
3	电位器 RP	100kΩ	1 只
4	电阻器 R_1、R_2、R_3	10kΩ	3 只
5	电容器 C_1、C_2	0. 1μF	2 只
6	开关	单刀单掷	1 只
7	实验板	—	1 块

（4）测试电路　图 6-14 所示为 *RC* 桥式振荡电路。

三、训练内容及步骤

1. 清点、检测元器件并对元器件进行搪锡处理

1）按表 6-4 核对元器件的数量、型号和规格，如有短缺、差错应及时补缺和更换。

2）用万用表检测元器件，对不符合质量要求的元器件剔除并更换。

3）清除元器件引脚上和实验板上的氧化层，并搪锡。

2. 按 *RC* 桥式振荡电路原理图进行组装

将元器件插装后再焊接固定，用硬铜导线根据电路的电气连接关系进行布线并焊接固定，组装后的电路板如图 6-15 所示，其焊接面如图 6-16 所示。

3. 电路的测试

用示波器测量并观察输出波形，合上开关 S，仔细调节 RP，使输出为稳定的不失真正弦波，记录波形的形状，测量正弦波的频率和最大值，把结果填入表 6-5 中。

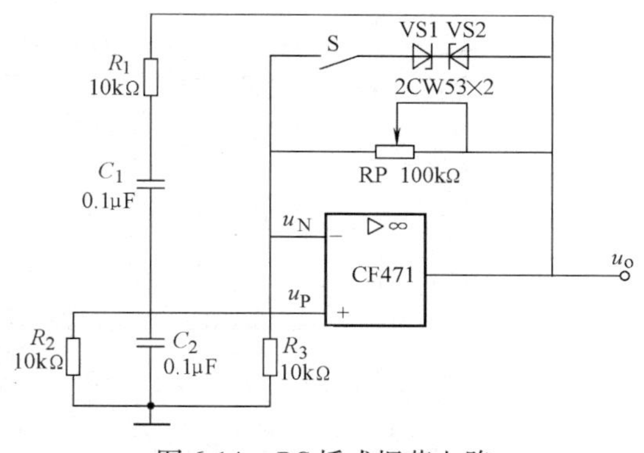

图 6-14　*RC* 桥式振荡电路

表 6-5　测 试 记 录

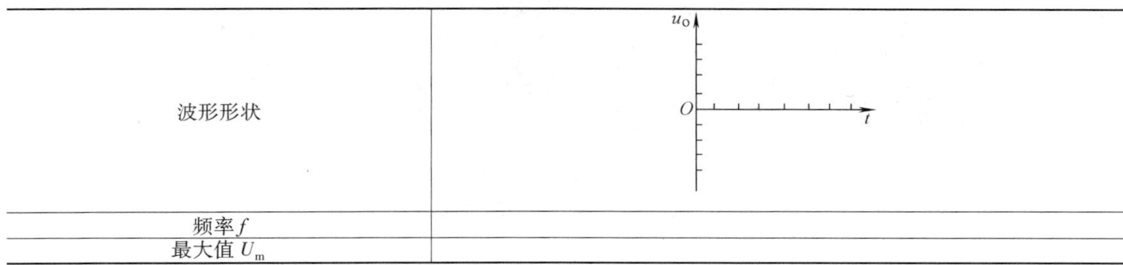

波形形状	u_o O t
频率 f	
最大值 U_m	

其中用示波器测量波形时，①垂直输入灵敏度选择开关（V/Div）置于每格________V 挡；②扫描时间转换开关（s/Div）置于每格________ms 挡。

图 6-15　*RC* 桥式振荡器的电路板

1—电源　2—输出端　3—接地端

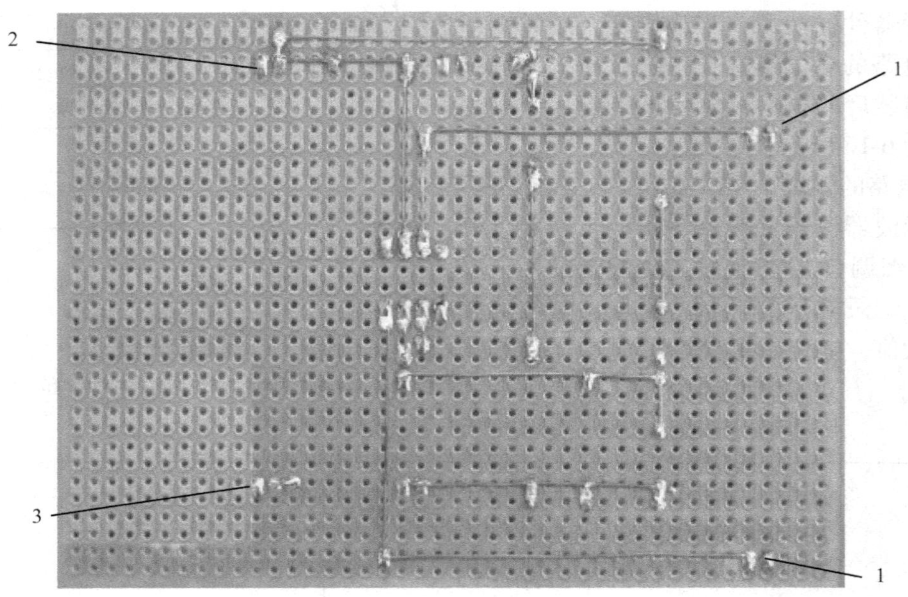

图 6-16 *RC* 桥式振荡器的焊接面

1—电源 2—输出端 3—接地端

四、评分标准

本技能训练评分标准见表 6-6。

表 6-6 评 分 标 准

内 容	要 求	配 分	评分标准	扣 分	得 分
元器件检测	元器件完好、无损坏	15 分	每处错误扣 3 分		
电路安装	电路安装正确、完整	15 分	电路安装不正确每处扣 5 分		
	布局层次合理，主次分明	10 分	每处不符合扣 3 分		
	接线规范，布线美观，横平竖直	5 分	每处不符合扣 1 分		
	排列整齐	5 分	不整齐扣 3 ~ 5 分		
	按图焊接，接线牢固，无虚焊、漏焊，焊点光滑、无毛刺	10 分	焊点粗糙扣 3 ~ 5 分，虚焊、漏焊，每处扣除 3 ~ 5 分		
调试	通电调试成功	10 分	不成功扣 10 分		
波形的测量	正确使用示波器测量波形，测量的结果（波形形状和幅度）要正确	20 分	一处错误扣 5 分		
安全生产	安全、文明操作	10 分	违反者扣 10 分		

第四节　石英晶体振荡电路

随着电子技术的发展，需要一个频率十分稳定的信号作为时间基准或频率标准，石英晶体振荡器可以用来产生高稳定度的正弦波信号。它的应用很广，例如标准信号发生器、脉冲计数器和计算机时钟信号发生器等。

石英晶体振荡电路的选频网络是石英晶体谐振器，能产生频率稳定度较高的正弦信号。

一、石英晶片的压电效应

石英是一种天然的二氧化硅晶体。经正确切割后的石英晶片，当在其两侧施加压力时，将在晶片的两侧平面上出现等量的正、负电荷；当在其两侧施加拉力时，也会在其两侧的平面上也会出现等量的正、负电荷，只是方向正好与施加压力时相反。

如果给石英晶片两侧加上直流电压，晶片将会产生形变，如压缩；如果改变所加直流电压的方向，晶片也会产生形变，不过这时晶片将膨胀。

这种在石英晶片上加上不同方向的外力，会产生不同方向的等量电荷；晶片两侧加上不同极性的电压，石英晶片会产生相反形变的现象，称为石英晶片的压电效应。

若给石英晶片两侧加上交变电压时，石英晶片会产生与所加交变电压相同频率的机械振动，但是这种振动的幅度一般很小。当外加交变电压的频率为某一特定值时，石英晶片的振动幅度将会突然增大，这种现象叫做石英晶片的压电谐振。

二、石英晶体谐振器

在石英晶片的两侧喷涂金属层，然后将石英晶片夹在两片金属之间，再分别从两金属板上各引出个电极，并按一定形式封装就构成了一个石英晶体谐振器，简称晶振。其基本结构如图 6-17a 所示，图形符号如图 6-17b 所示，常见外形如图 6-17c 所示。

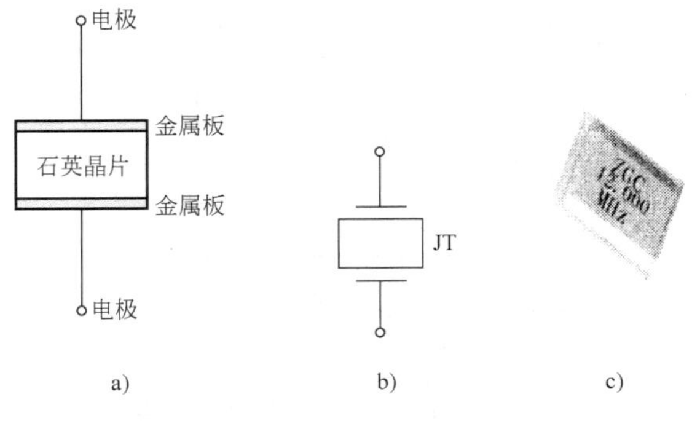

图 6-17　石英晶体谐振器

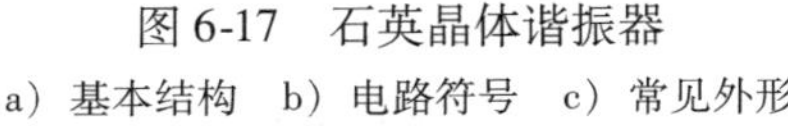

a）基本结构　b）电路符号　c）常见外形

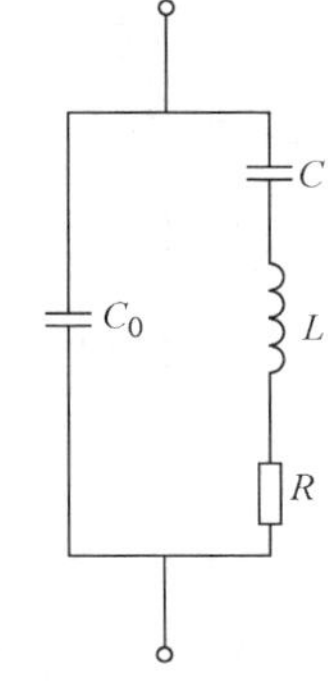

图 6-18　石英晶体等效电路

如图 6-18 所示，C_0 为极板电容，*RLC* 支路是石英晶体谐振器的等效电路。

由石英晶体谐振器的等效电路可以看出，石英晶体谐振器有两个谐振频率：一个是串联谐振频率 f_s；另一个是并联谐振频率 f_p。

当 *RLC* 支路产生串联谐振时，等效为纯电阻，阻抗最小（等于 *R*），串联谐振频率为

$$f_s = \frac{1}{2\pi\sqrt{LC}}$$

当电路产生并联谐振时，当外加信号频率高于 f_s 时，*RLC* 支路呈电感性，与 C_0 支路发生并联谐振，并联谐振频率为

$$f_p = \frac{1}{2\pi\sqrt{L\dfrac{CC_0}{C+C_0}}} \approx f_s\sqrt{1+\frac{C}{C_0}}$$

由于 $C \ll C_0$，因此，f_s 和 f_p 非常接近。石英晶体的频率特性如图 6-19 所示。石英晶体在频率为 f_s 时呈纯阻性，在 f_s 和 f_p 之间呈感性（因为 f_s 和 f_p 非常接近，所以，石英晶体的频率稳定性非常高），而在此区域之外均呈容性。

三、石英晶体振荡电路

利用石英晶体谐振器的谐振特性可构成石英晶体振荡电路。石英晶体振荡电路有串联型和并联型两种类型。

1. 串联型石英晶体振荡电路

串联型石英晶体振荡电路如图 6-20 所示，振荡频率为串联谐振频率 f_s。

石英晶体谐振器接在由晶体管构成的两个放大器之间，构成正反馈选频电路。当 $f = f_s$ 时，石英晶体等效为阻值很小的元件，正反馈最强，电路满足振荡条件。

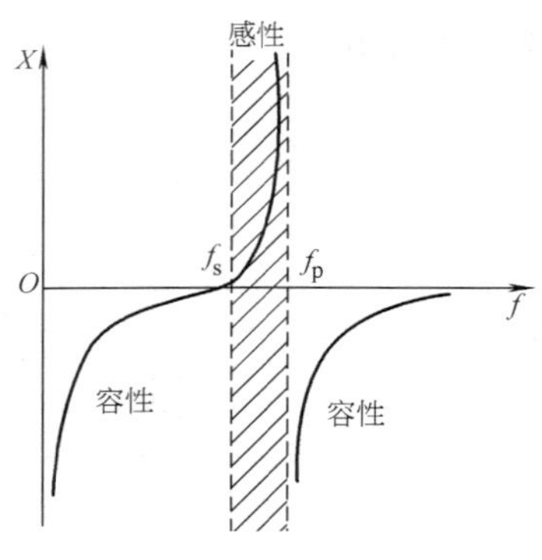

图 6-19　石英晶体的电抗特性曲线

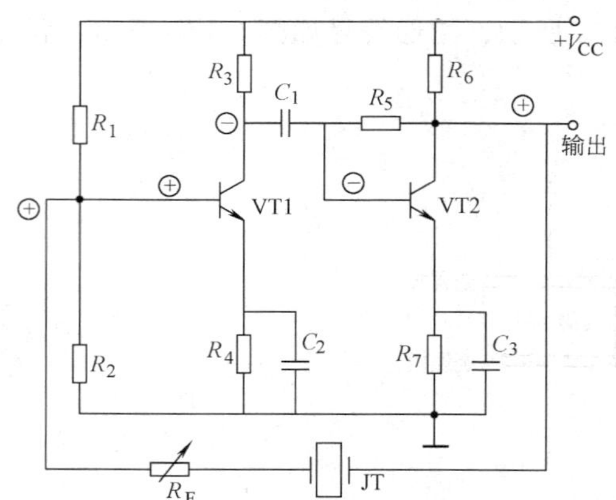

图 6-20　串联型石英晶体振荡电路

2. 并联型石英晶体振荡电路

并联型石英晶体振荡电路如图 6-21 所示，振荡频率为并联谐振频率 f_p。

在并联型石英晶体振荡电路中，石英晶体运用在感性区，相当于一个大电感。因此，该电路可以看作是一个电容三点式振荡电路，其简化交流等效电路如图 6-22 所示。在该电路中，反馈电压取自 C_2。

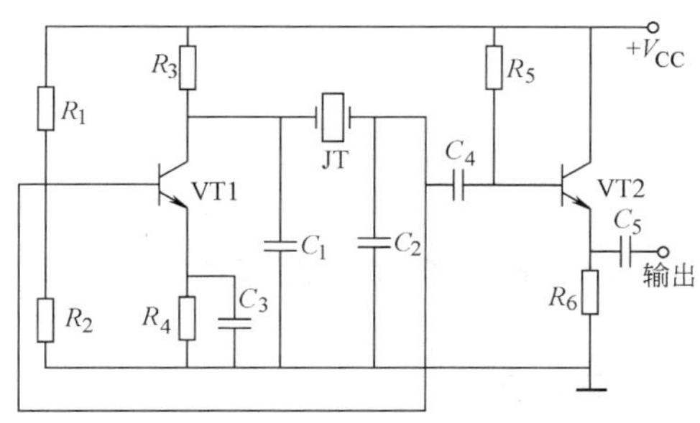

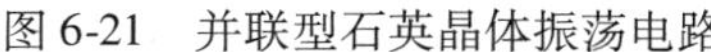
图 6-21　并联型石英晶体振荡电路

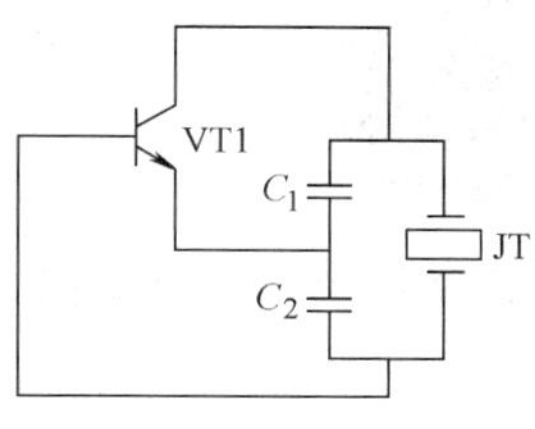

图 6-22　并联型等效电路

本 章 小 结

1）振荡电路是一种在没有外加交流输入信号的情况下，把直流电源提供的电能转变为交流电能输出的电子电路。

2）正弦波振荡电路最基本的是由放大电路、选频网络和正反馈网络三部分组成。产生正弦波振荡要同时满足幅度和相位两个条件，即

$$\begin{cases} A_u F \geqslant 1 \\ \varphi_A + \varphi_F = \pm n360° \end{cases}$$

式中 $A_u F \geqslant 1$ 是振荡电路的幅度条件；$\varphi_A + \varphi_F = \pm n360°$ 是振荡电路的相位条件。

3）判断电路能否振荡的方法是：检查电路是否满足振荡电路的基本组成部分；检查放大电路的工作点是否合适；检查电路是否满足产生振荡的条件，一般情况，幅度条件容易满足，重点检查是否满足相位条件，即用瞬时极性法判断电路的反馈是否为正反馈。

4）LC 并联电路具有选频特性，在谐振频率 f_0 处发生谐振时，等效阻抗 Z 的幅值最大，且相移 $\varphi = 0°$，此时，LC 并联谐振电路呈纯电阻特性，谐振频率为

$$f_0 = \frac{1}{2\pi\sqrt{LC}}$$

5）LC 正弦波振荡电路有变压器反馈式、电感三点式和电容三点式三种。振荡频率为

$$f_0 = \frac{1}{2\pi\sqrt{LC}}$$

式中 L 为并联谐振电路的总电感，C 为并联谐振电路的总电容。通常作为高频信号源。

6）RC 桥式正弦波振荡电路中，当满足 RC 串、并联选频网络中的 R 相等、C 相等时，其振荡频率为

$$f_0 = \frac{1}{2\pi RC}$$

通常作为低频信号发生器。

7）石英晶体具有压电效应和压电谐振的特性。利用石英晶体可以构成振荡频率非常稳定的正弦波振荡电路。石英晶体振荡电路有串联型和并联型两种类型。

复习思考题

1. 如果某振荡器的 $A=80$，$F=0.04$，$\varphi_A+\varphi_F=360°$，问该电路能产生振荡吗？为什么？

2. 正弦波振器由哪几部分组成？名部分的作用是什么？

3. 试判断图 6-23 所示的几个电路是否满足振荡的相位条件。

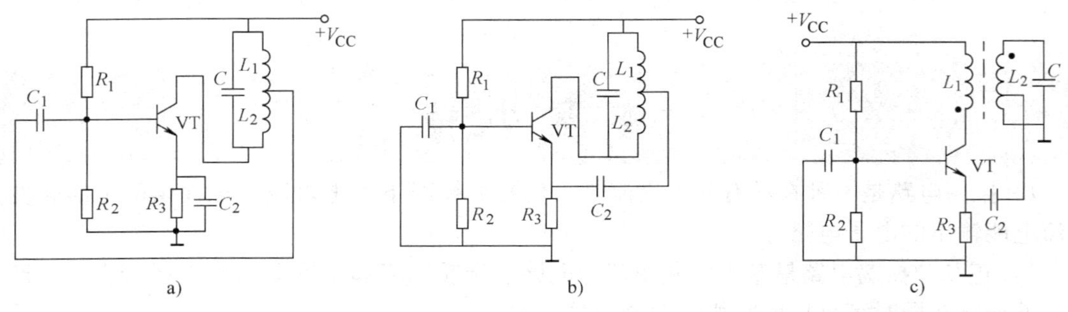

图 6-23

4. 试检查图 6-24 所示的几个电路的正确性。如有错，请在原图的基础上把错误的连线和元件打上“×”，再画出所需的连线和元件。

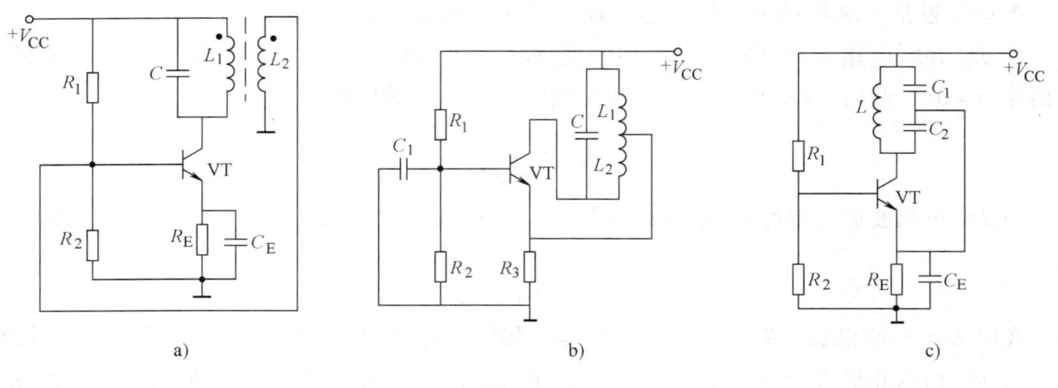

图 6-24

5. 图 6-25 所示为收音机振荡电路，C_0 是可变电容器，其电容量范围为 12 ~ 360pF，$C_2=15\text{pF}, L=170\mu\text{H}$。试计算在可变电容器的变化范围内，收音机振荡频率的可调范围是多少?

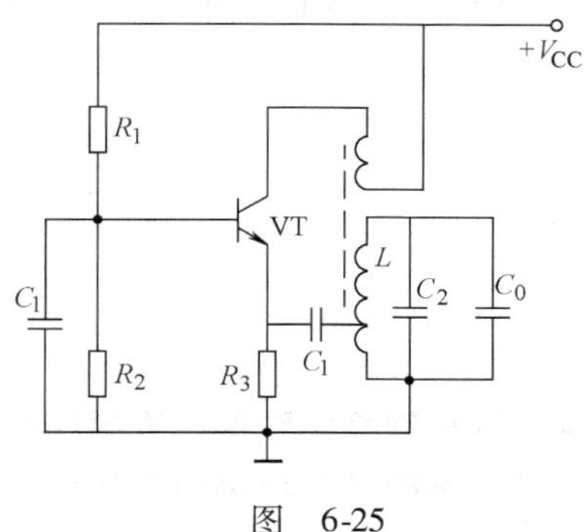

图　6-25

第七章　直流稳压电源

学习目标

直流稳压电源是各种电子电路常用的直流电源，常用的直流稳压电源由整流电路、滤波电路和稳压电路三部分组成。稳压电路可以保证当电网电压或负载变化时输出电压维持稳定。

本章重点介绍稳压电路，学习的目标是：

1. 掌握稳压管稳压电路的工作原理，估算输出电压的平均值。
2. 理解串联型稳压电路的工作原理，能估算输出电压的调节范围。
3. 掌握集成稳压器的引脚规律、型号的意义及其应用电路。

第一节　稳　压　电　路

交流电经整流、滤波后已经变成比较平滑的直流电，但还不够稳定，如果电源电压波动或负载发生变化时，输出直流电压也随着变化。例如电网电压升高时，输出的直流电压必然增大；又如负载增加，负载电流增大，负载上的电压相应减小。为了获得稳定性好的直流电源，在整流滤波之后还要接入稳压电路。

目前，中小功率设备中广泛采用的稳压电路有并联型稳压电路、串联型稳压电路、集成稳压电路等。下面讨论几种稳压电路。

一、稳压二极管的工作特性和主要参数

1. 工作特性

稳压二极管是一种特殊的面接触型半导体硅二极管，简称“稳压管”。它的伏安特性曲线如图 7-1a 所示。通过伏安特性曲线可以看出正向特性与普通二极管相似，而反向特性曲线很陡。图 7-1b 所示为稳压二极管的图形符号。

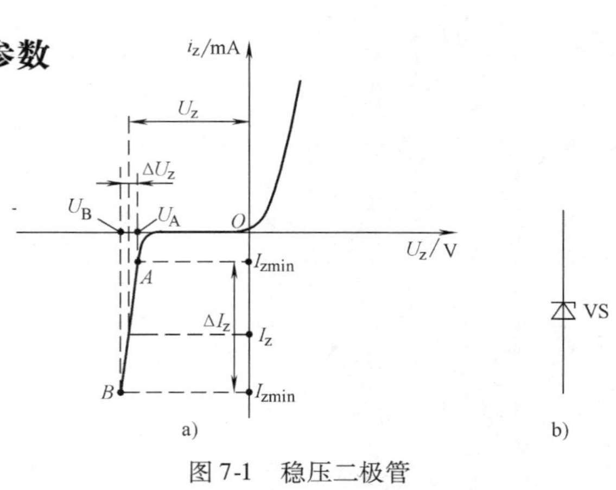

图 7-1　稳压二极管
a）伏安特性曲线　b）图形符号

在正常情况下，稳压管工作在反向击穿区，由于反向曲线很陡，反向电流在很大范围内变化时其两端电压却基本保持不变，因

而具有稳压作用。只要控制反向电流不超过某一数值，管子就不会过热而损坏。

说明：普通二极管不允许工作在反向击穿区，稳压二极管工作在反向击穿区。

硅稳压二极管应用时应注意以下几点：

1）在电路中需要将其反接（即稳压二极管的负极接电路中的高电位，正极接低电位）才能稳定电压（稳压二极管加正向电压时性质与普通二极管相同）；否则，相当于将电源短路，电流过大会使稳压二极管过热烧毁。

2）稳压二极管必须在电源电压高于它的稳压值时才能稳压。

3）使用时当一个稳压二极管的稳压值不够，可以用多个稳压二极管串联使用，但绝对不能并联使用。

2. 主要参数

稳压二极管的主要参数反映了稳压管的性能及使用极限，它是我们使用管子和选择管子的依据，稳压二极管的主要参数见表 7-1。

表 7-1　稳压二极管的主要参数

名　　称	符　　号	说　　明
稳定电压	U_z	稳压管的反向击穿电压，它是稳压管正常工作时两端所呈现的电压
最大稳定电流	I_{zmax}	稳压管正常工作时允许通过的最大电流，使用时，实际电流不得超过此值，否则会损坏
最小稳定电流	I_{zmin}	稳压管进入正常工作状态所必需的最小电流，使用时，通过稳压管的电流不能小于此值，否则稳压管将截止
稳定电流	I_z	稳压管正常工作时反向电流的参考数值，一般情况，稳定电流在最大稳定电流和最小稳定电流之间
最大耗散功率	P_{ZM}	稳压管正常工作时所能承受的最大耗散功率。在数值上，它等于稳定电压 U_z 和最大稳定电流 I_{zmax} 的乘积，即 $$P_{ZM}=U_zI_{zmax}$$ 在实际应用中，由于稳定电压是固定的，为了使稳压管的实际耗散功率小于 P_{ZM}，必须限定通过稳压管的电流，使之不超过最大稳定电流 I_{zmax}，否则温度过高，会影响稳压效果，甚至损坏稳压二极管。一般情况下，大功率稳压管工作时要加装散热装置

此外，还有动态电阻和温度系数等参数。动态电阻反映稳压二极管的稳压性能，动态电阻越小，稳压性能越好。温度系数是指温度变化对稳定电压的影响作用，反映了稳压管的温度稳定性。温度系数越小，温度稳定性越好，即稳定电压受温度变化的影响越小。

一般情况，在要求温度稳定性较高的场合，可以用具有温度补偿作用的稳压管，例如 2DW230，如图 7-2 所示。使用时一只稳压管处于反向击穿状态，另一只稳压管处于正向导通状态，两只稳压管相互补偿。

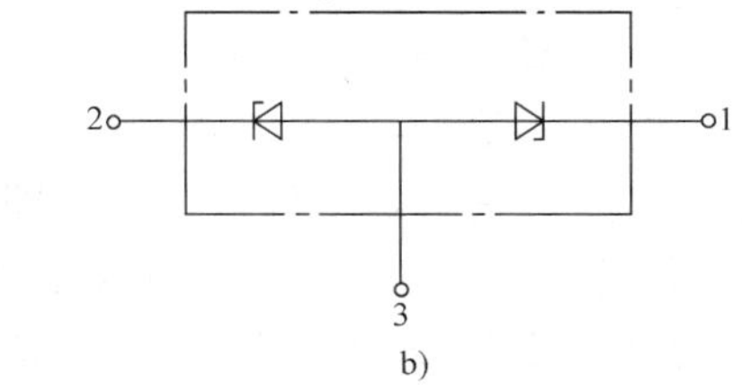

图 7-2　具有温度补偿作用的稳压管

a）外形　b）内部结构

二、简单稳压电路

1. 电路组成

图 7-3 所示为简单稳压电路。图中稳压管 VS 反向并联在负载 R_L 两端，所以又称为并联稳压电路。

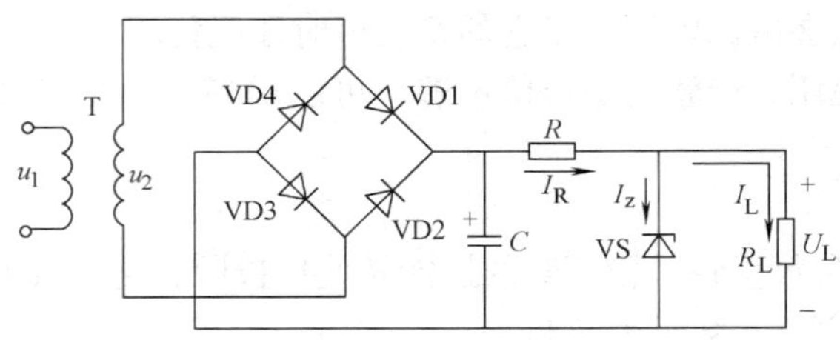

图 7-3　简单稳压电路

2. 稳压过程

1）当负载电阻不变，电网电压升高时，电路的稳压过程如下：

$$\text{电网电压}\uparrow\rightarrow U_L\uparrow\rightarrow I_z\uparrow\rightarrow I_R\uparrow\rightarrow U_R\uparrow\rightarrow U_L\downarrow$$

反之亦然。

2）当电网电压不变，负载电阻 R_L 减小时，电路的稳压过程如下：

$$R_L\downarrow\rightarrow U_L\downarrow\rightarrow I_z\downarrow\rightarrow I_R\downarrow\rightarrow U_R\downarrow\rightarrow U_L\uparrow$$

反之亦然。

综上所述，利用稳压管电流的变化，引起限流电阻 R 两端电压的变化，达到稳压的目的。电阻 R 不但起限流作用也起调压作用。

并联稳压电路的结构简单，设计与制作都比较容易，但是其输出电压受到稳压管自身参数的限制，因此，这种电路适用于输出电压固定且负载电流变化不大的场合。当负载电流较大且要求稳压性能较好时，可采用串联稳压电路。

三、晶体管串联稳压电路

1. 电路组成

图 7-4 所示为带放大环节的晶体管串联稳压电路。它由四个部分组成，即调整部分（调整管 VT1）、取样电路（R_3、RP、R_4 组成的分压器）、基准电路（稳压管 VS 和 R_2 组成的稳压电路）、比较放大电路（放大管 VT2 等）。其中，R_1 既是放大管 VT2 的集电

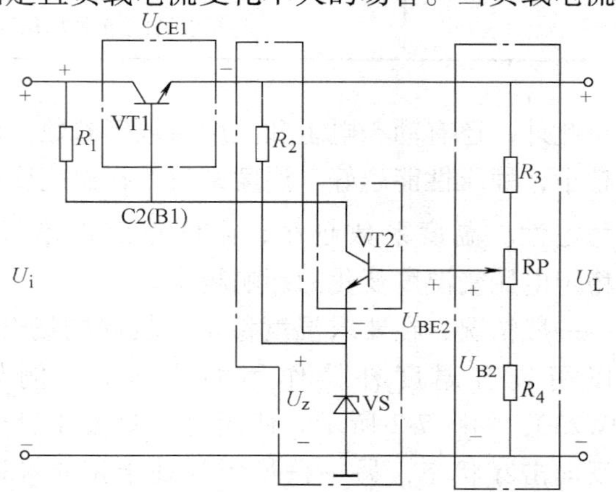

图 7-4　带放大环节晶体管串联稳压电路

极电阻，又是调整管 VT1 的偏置电阻。

2. 稳压过程

当电网电压升高或 R_L 增大时，输出电压有上升的趋势，其稳压过程如下：

$$U_L\uparrow \rightarrow U_{B2}\uparrow \rightarrow U_{BE2}\uparrow \rightarrow I_{B2}\uparrow \rightarrow U_{C2}(U_{B1})\downarrow \rightarrow U_{CE1}\uparrow$$

$(R_L\downarrow)$

$$U_L\downarrow \leftarrow$$

可简化概括为

$$U_L\uparrow \rightarrow U_{CE1}\uparrow$$
$$U_L\downarrow \leftarrow$$

同理，当电网电压降低或 R_L 减小时，稳压过程与之相反。可简化概括为

$$U_L\downarrow \rightarrow U_{CE1}\downarrow$$
$$U_L\uparrow \leftarrow$$

3. 输出电压的调节

当忽略晶体管 VT2 的基极电流时，晶体管的基极电压 U_{B2} 为

$$U_{B2}=\frac{R_4+R_P'}{R_3+R_4+R_P}U_L$$

其中 R_P'为电位器滑头触头下方的电阻。

忽略 U_{BE2}，上式整理得

$$U_L=\frac{R_3+R_4+R_P}{R_4+R_P'}U_Z$$

式中，R_P 为 RP 的总电阻；R_P'为 R_P 滑动触头以下的电阻。

调节 RP 可以调节输出电压 U_L 的大小，使其在一定的范围内变化。忽略晶体管 VT2 的基极电流，当 RP 滑动触头移至最上端时，这时输出电压最小，即

$$U_L=\frac{R_3+R_4+R_P}{R_4+R_P}U_Z$$

当 RP 滑动触头移至最下端时，这时输出电压最大，即

$$U_L=\frac{R_3+R_4+R_P}{R_4}U_Z$$

例　在晶体管串联稳压电路中，已知基准电压 $U_Z=6\text{V}$，$R_1=R_P=R_2=300\Omega$，调整管的管压降 U_{CE}不小于 2V，U_{BE}忽略不计。试求：

（1）稳压电路输出电压 U_L 的调节范围。

（2）RP 滑动触头位于中点时的 U_L。

（3）为使调整管能正常工作，变压器二次电压有效值 U_2 至少应取多少？

解　（1）当 RP 滑到最上端时，输出电压最小，即

$$U_{Lmin}=\frac{R_3+R_4+R_P}{R_4+R_P'}U_Z=\frac{300+300+300}{300+300}\times 6\text{V}=9\text{V}$$

当 RP 滑到最下端时，输出电压最大，即

$$U_{Lmax}=\frac{R_3+R_4+R_P}{R_4+R_P'}U_Z=\frac{300+300+300}{300+0}\times 6V=18V$$

所以，输出电压的调节范围是：$9V\leqslant U_L\leqslant 18V$

（2）RP 滑动触头位于中点时，有：

$$U_L=\frac{R_3+R_P+R_4}{\frac{1}{2}R_P+R_4}U_Z=\frac{300+300+300}{\frac{1}{2}\times 300+300}V=12V$$

（3）因为晶体管 U_{CE}不小于 2V，要求稳压电路输入电压至少为

$$U_i=U_{Lmax}+U_{CE}=(18+2)V=20V$$

又因桥式整流电容滤波电路输出电压 $U_i\approx 1.2U_2$

所以，变压器二次电压的有效值为

$$U_2=\frac{U_i}{1.2}=\frac{20}{1.2}V=16.7V$$

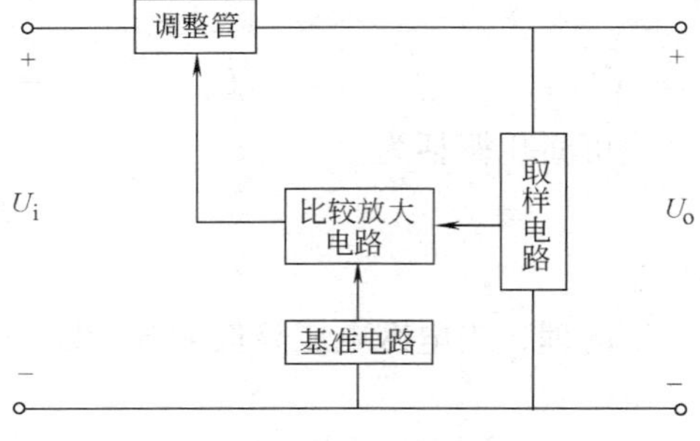

图 7-5　串联稳压电路的组成框图

由以上分析，串联型稳压电路主要由取样电路、比较放大电路、基准电路和调整管四大部分组成。其组成框图如图 7-5 所示。

技能训练 14　串联稳压电路的安装和测试

一、训练目的

1）正确组装一个串联稳压电路，并了解其工作原理。

2）掌握串联稳压电源性能的简单测试方法。

二、训练器材

（1）工具　电烙铁、焊料及常用无线电装配工具一套。

（2）仪表　万用表、交流调压器、交流毫伏表、示波器。

（3）元器件　本技能训练所需元器件见表 7-2。

表 7-2　所需元器件

序　号	名　称		规　格	数　量
1	晶体管	VT1	3DA1A	1 只
		VT2	3DG6	1 只
2	电容	C_1	470μF/50V	1 只
		C_2	220μF/50V	1 只
3	稳压二极管 VS		2CW54	1 只
4	电位器	RP1	470Ω	1 只
		RP2	1kΩ	1 只
5	电阻器	R_1	6.8kΩ	1 只
		R_2	1kΩ	1 只
		R_3、R_4、R_6	100Ω	3 只
		R_5	51Ω	1 只
6	实验板		—	1 块

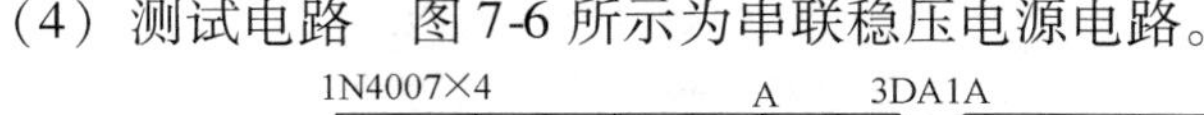
（4）测试电路 图 7-6 所示为串联稳压电源电路。

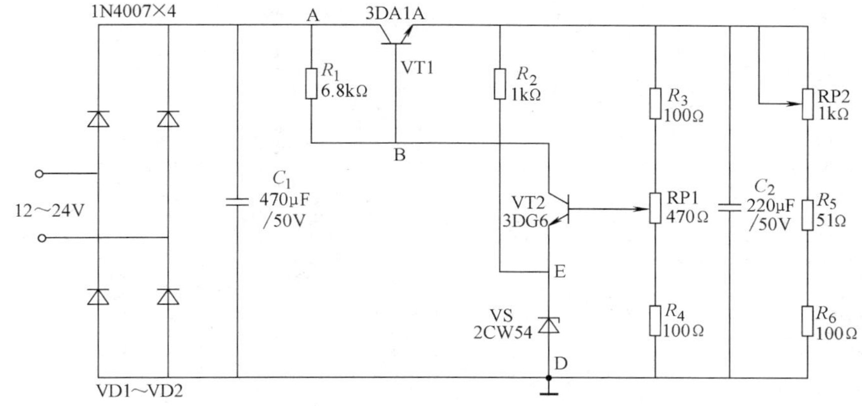

图 7-6 串联稳压电路

三、训练内容及步骤

1. 清点、检测元器件并对元器件进行搪锡处理

1）按表 7-2 核对元器件的数量、型号和规格，如有短缺、差错应及时补缺和更换。

2）用万用表检测电路元器件，对不符合质量要求的元器件剔除并更换。

3）清除元器件引脚上和实验板上的氧化层，并搪锡。

2. 按串联稳压电路原理图进行组装

将元器件插装后再焊接固定，用硬铜导线根据电路的电气连接关系进行布线并焊接固定，组装后的电路板如图 7-7 所示，其焊接面如图 7-8 所示。

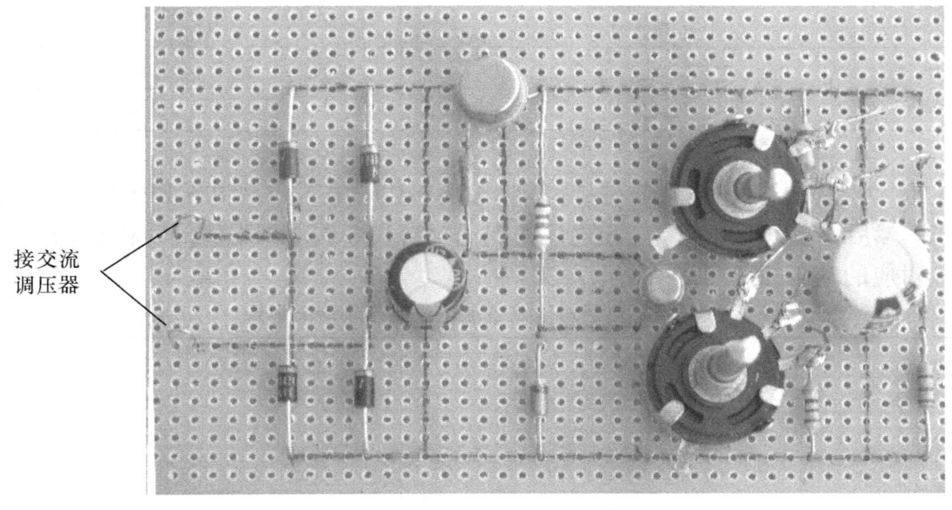

图 7-7 串联稳压电路的电路板

3. 电路的测试

（1）稳压电源输出电压的调节范围 保持交流电源 18V 电压不变，把 RP2 调节到中间

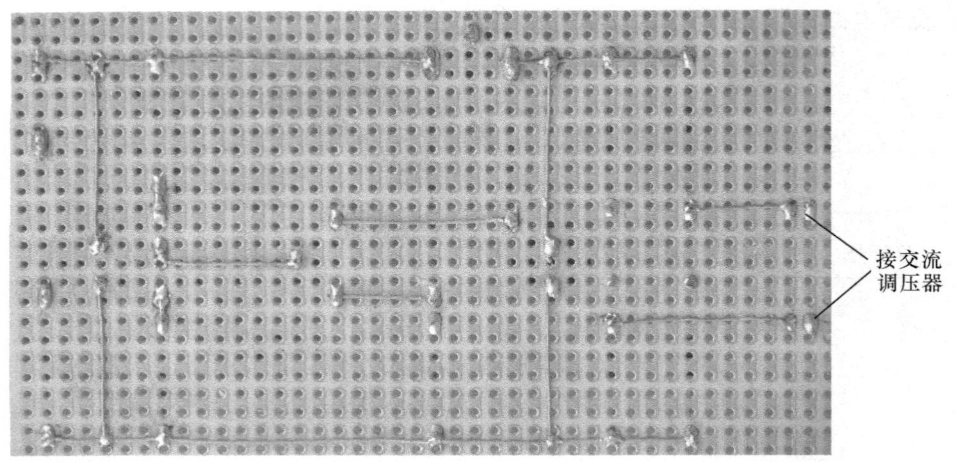

图 7-8 串联稳压电路的焊接面

阻值；然后调节 RP1，使输出电压从最小变化到最大；并测得输出电压的最小值为________V，最大值为________V。

（2）输入电压对稳压电源的影响 保持负载电阻不变，调节 RP1 使稳压电路输出 12V 电压。然后依次调节交流调压器的电压分别为 12V、15V、18V、24V，分别测出电路中各点对应的电压并填入表 7-3 中。

表 7-3 电源电压对电路各点电位的影响情况记录

输入交流电压/V	*A* 点电压/V	*B* 点电压/V	*E* 点电压/V	*O* 点稳压输出/V
12				
15				
18				
24				

（3）负载对稳压电源的影响 保持交流电源 18V 电压不变，调节 RP1 使稳压电路输出 12V 电压。然后调节 RP2，观察输出电压的变化。当 RP2 调节到阻值最大和最小时，测出电路中各点对应的电压并把测得结果记入表 7-4 中。

表 7-4 负载对电路各点电位的影响情况记录

RP2 调节到	*A* 点电压/V	*B* 点电压/V	*E* 点电压/V	稳压输出/V
阻值最大				
阻值最小				

四、训练评分标准

本技能训练评分标准见表 7-5。

表 7-5　评分标准

内　容	要　求	配　分	评分标准	扣分	得　分
元器件检测	元器件完好、无损坏	15 分	每处错误扣 3 分		
电路安装	电路安装正确、完整	15 分	电路安装不正确每处扣 5 分		
	布局层次合理，主次分明	10 分	每处不符合扣 3 分		
	接线规范，布线美观，横平竖直	5 分	每处不符合扣 1 分		
	排列整齐	5 分	不整齐扣 3 ~ 5 分		
	按图焊接，接线牢固，无虚焊、漏焊，焊点光滑、无毛刺	10 分	焊点粗糙扣 3 ~ 5 分，虚焊、漏焊，每处扣除 3 ~ 5 分		
调试	通电调试成功	10 分	不成功扣 10 分		
波形的测量	正确使用示波器测量波形，测量的结果（波形形状和幅度）要正确	10 分	一处错误扣 5 分		
电压的测量	正确使用万用表测量电压，测量结果要正确	10 分	每处不符合扣 2 分		
安全生产	安全、文明操作	10 分	有违反者扣 10 分		

第二节　集成稳压器

随着半导体集成电路工艺的迅速发展，现在已把串联稳压电路中的取样电路、基准电路、比较放大电路、调整及保护环节等集成于一个半导体芯片上，构成集成稳压器，它具有体积小、重量轻、使用方便、可靠性高等优点，因而得到广泛应用。集成稳压器有多种，下面介绍三端集成稳压器。

一、三端集成稳压器的分类和型号

常用的三端集成稳压器有塑料壳和金属壳两种封装形式，其外形如图 7-9 所示。

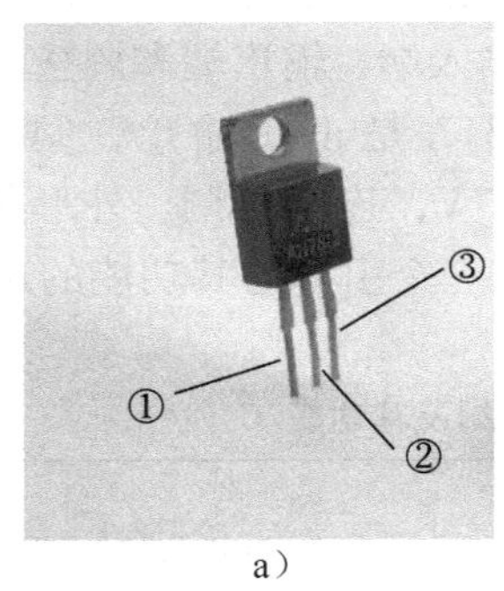

a）

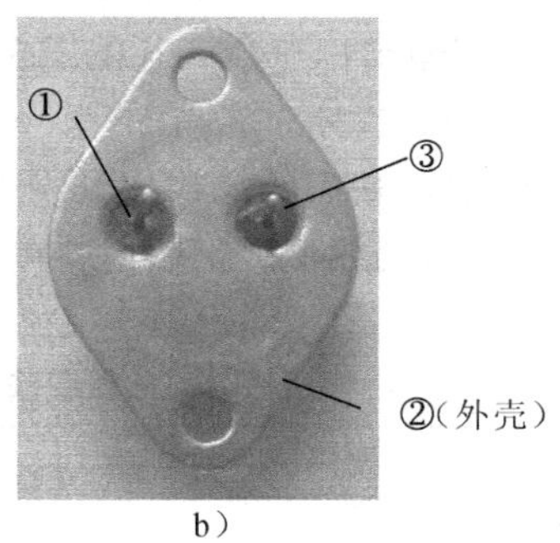

b）

图 7-9　三端集成稳压器外形

a）塑料壳封装　b）金属壳封装

国产三端集成稳压器已经标准化、系列化了，按照它们的性能和用途不同，可以分成两大类：一类是固定输出三端集成稳压器；另一类是可调输出三端集成稳压器。前者的输出电压是不变的，后者可在外电路上对输出电压进行连续可调。

1. 三端固定输出集成稳压器

三端固定输出稳压器有输入端、输出端和公共端三个引出端。常用的CW78××系列是正压输出，CW79××系列是负压输出。CW78××系列和CW79××系列外形一样，但引脚不同，功能也不同，各引脚与其功能的对应关系见表7-6。

表7-6 三端固定输出集成稳压器的引脚及其功能

引脚 \ 功能 \ 类型	CW78××系列	CW79××系列
1	输入端	公共端
2	公共端	输入端
3	输出端	输出端

根据《半导体集成电路型号命名方法》（GB/T 3430—1989），其型号意义如下：

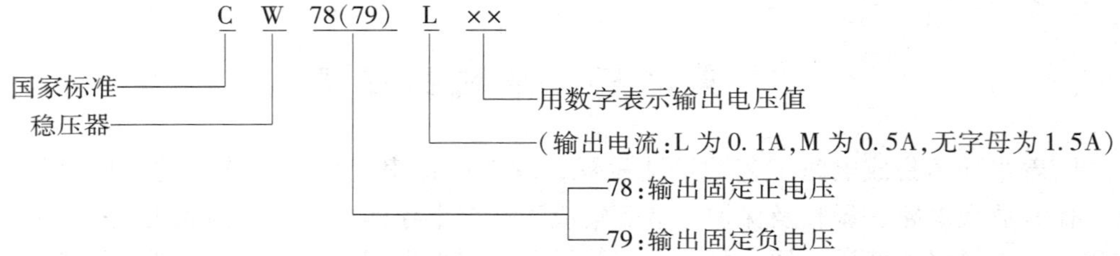

其中××表示稳压器的输出电压值，分别为±5V，±6V，±9V，±12V，±15V，±18V，±24V共七种，可根据实际需要选择使用。例如：CW7809的输出电压为9V，CW7912的输出电压为-12V。

2. 三端可调输出集成稳压器

三端固定输出集成稳压器的输出电压不可调，而可调集成稳压器不仅输出电压可调，且稳压性能优于固定输出稳压器，它的三个引出端分别为输入端、输出端和调整端。其可调输出电压也有正、负之分，常用的CW117/CW217/CW317是正压输出，CW137/CW237/CW337是负压输出。它们的输出电压分别为±1.2～±37V，连续可调。外形与CW78××系列和CW79××系列相似，但引脚排列及功能均不同。三个引脚与其功能的对应关系见表7-7。

表7-7 三端调输出集成稳压器的引脚及其功能

引脚 \ 功能 \ 类型	CW117/CW217/CW317系列	CW137/CW237/CW337系列
1	输入端	调整端
2	调整端	输入端
3	输出端	输出端

根据相关国家标准，其型号意义如下：

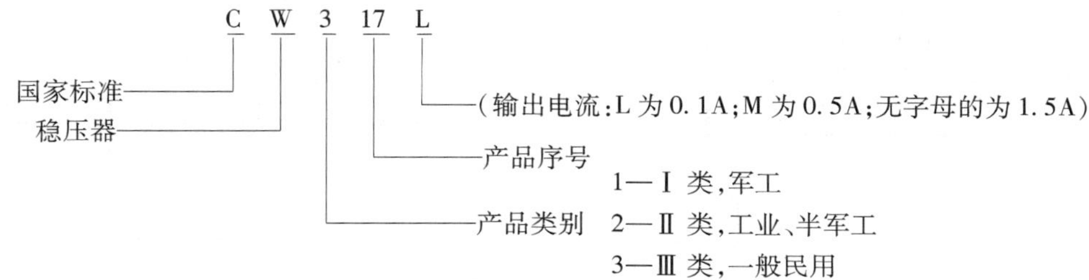

国产三端集成稳压器的封装形式有F—1型、F—2型、TO—92型、S—1型、S—7型等多种，三个引脚的排列和它们的功能，不同型号或不同厂家的产品可能并不相同，使用时一定要看说明书。

二、三端集成稳压器的应用

三端集成稳压器内部电路设计完善，辅助电路齐全，只需连接很少的外围元件，就能构成一个完整的电路，并可以实现提高输出电压、扩展输出电流以及输出电压可调等多种功能。下面介绍几种应用电路。

1. 三端固定集成稳压器应用电路

（1）基本应用电路 图7-10所示为固定集成稳压器的基本应用电路。电路中，电容C_1用于减小输入电压的脉动和防止过电压。C_2用于削弱电路的高频干扰，并具有消振作用。

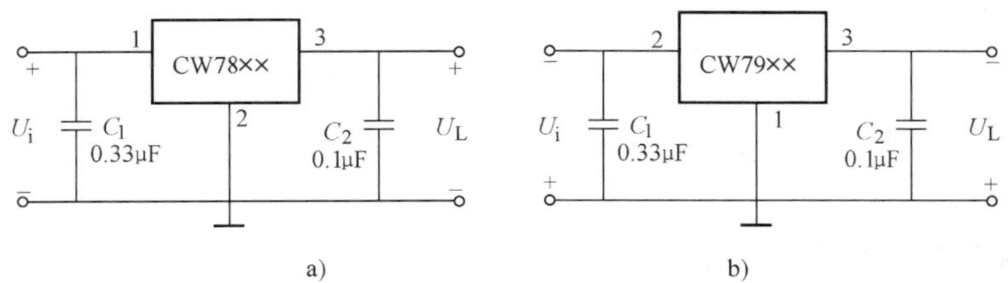

图7-10 固定式三端集成稳压器的基本应用电路

a）正电压输出 b）负电压输出

（2）提高输出电压的稳压电路 当实际需要的直流电压超过集成稳压器规定值时，可外接一些元件来适当提高输出电压。图7-11所示为可提高输出电压的稳压电路。图中R_1、R_2为外接的电阻。

输出电压为

$$U_L = \left(1 + \frac{R_2}{R_1}\right)U_{xx}$$

式中，U_{xx}为集成稳压器的额定电压。

（3）扩大输出电流的稳压电路 CW78××系列三端集成稳压器的输出电流最大只有1.5A，当某些场合需要更大电流时，可采用图7-12所示电路来扩大输出电流。电路输出的电流为

$$I_L = I_o + I_C$$

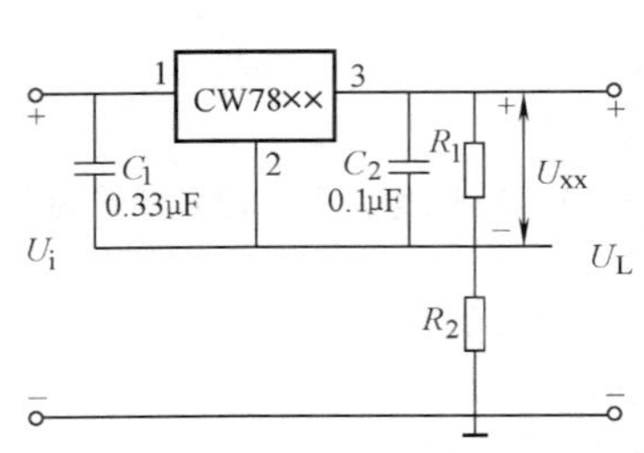

图 7-11 提高输出电压的稳压电路

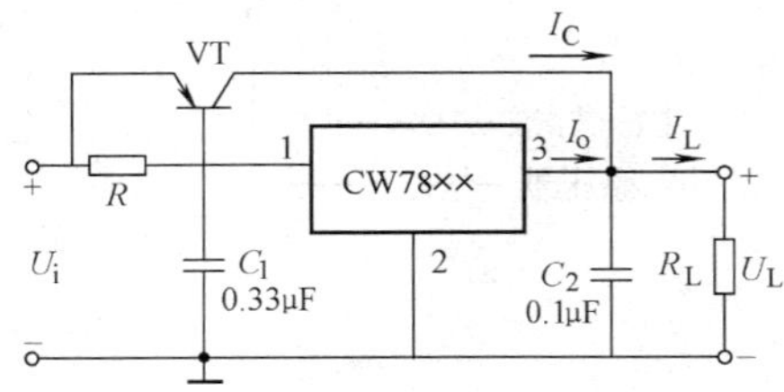

图 7-12 扩大输出电流的稳压

其中，I_o 为 CW78××的输出电流，I_C 为外接大功率管的集电极电流。

（4）同时输出正、负电压的稳压电路　在电子电路中，常常需要同时输出正、负电压的双向直流电源，由集成稳压器组成的这种电源形式较多，图 7-13 是其中一种。该电路具有共同的公共端，可以同时输出正、负两种电源。

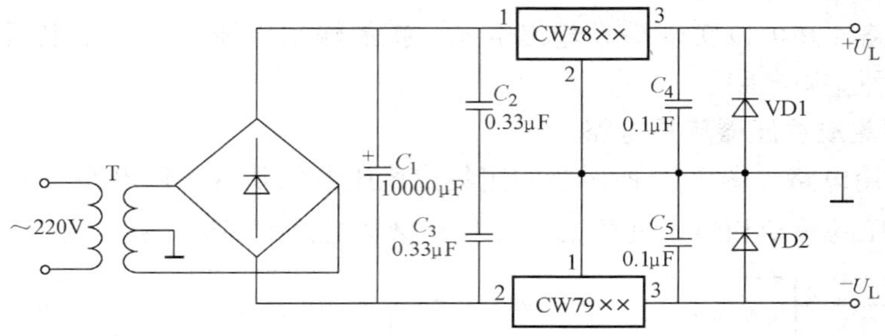

图 7-13 同时输出正、负电压的稳压电路

2. 三端可调集成稳压器应用电路

（1）基本应用电路　图 7-14 所示为三端可调集成稳压器的基本应用电路。电路中，电容 C_1 用于减小输入电压的脉动和防止过电压。C_2 用于削弱电路的高频干扰，并具有消振作用。

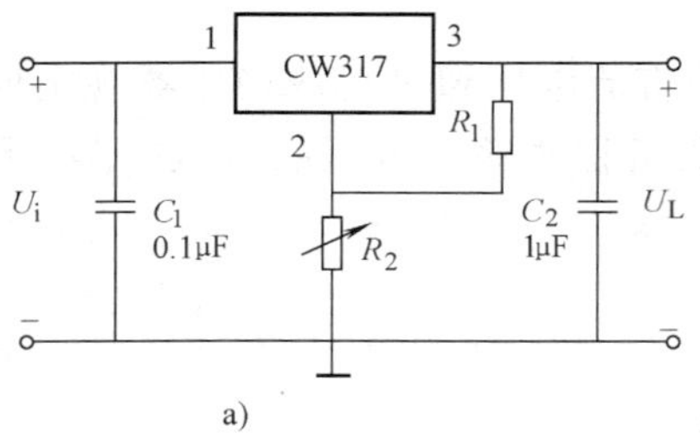

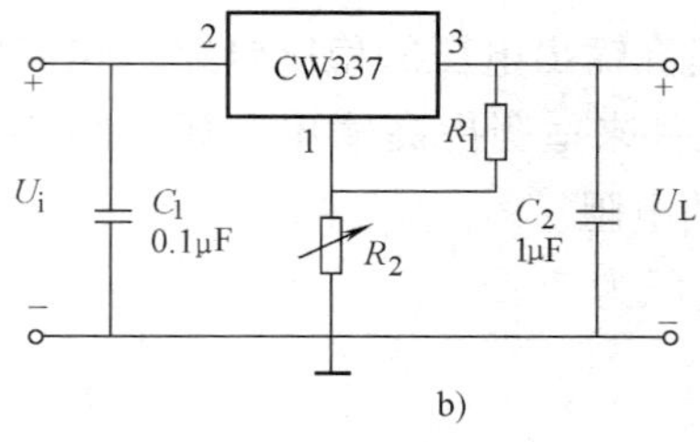

图 7-14 可调输出电压三端集成稳压器的基本应用电路

a）正电压输出　b）负电压输出

输出电压为

$$U_L \approx 1.25\left(1+\frac{R_2}{R_1}\right)\text{V}$$

使用中，R_1 要紧靠在稳压器输出端和调整端接线，以免当输出电流大时，附加压降影响输出精度；R_2 的接地点应与负载电流返回接地点相同，且 R_1 和 R_2 应选择同种材料制作的电阻，精度尽量高一点。

（2）提高输出电压的应用电路　图7-15所示是应用三端集成稳压器CW317构成的提高输出电压的稳压电路。调整RP可改变取样电压值，从而控制输出电压。

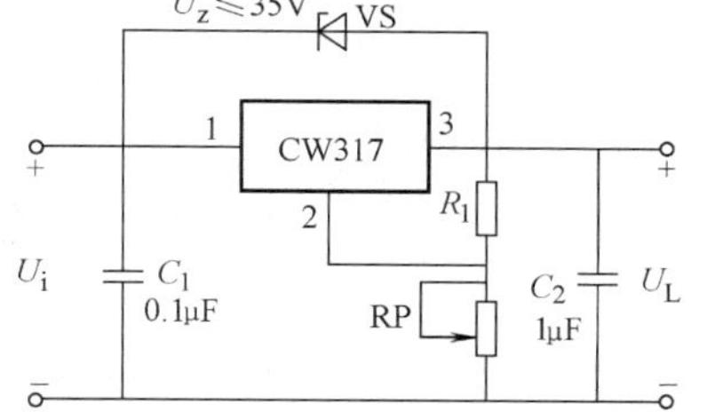

图7-15　CW317构成的提高输出电压的稳压电路

上面介绍的只是一些三端集成稳压器常见的应用电路，实际上具体的应用电路不胜枚举，只要掌握了它们的基本工作原理，就可以演变很多实用电路。

技能训练15　集成直流稳压电源的安装和测试

一、训练目的

1. 正确组装一个集成稳压电源。进一步熟悉集成稳压电源的特点及应用。
2. 掌握集成稳压电源的有关性能的测试。

二、训练器材

（1）工具　电烙铁、焊料及常用无线电装配工具一套。

（2）仪表　万用表、示波器。

（3）元器件　训练所需元器件见表7-8。

表7-8　所需元器件

序　号	名　称		规　格	数　量
1	电源变压器		220V/25V	1台
2	单相自耦调压器		—	1台
3	集成稳压器		CW317	1只
4	电容器	C_1	2200μF/50V	1只
		C_2	0.33μF	1只
		C_3	10μF	1只
		C_4	100μF	1只
5	二极管	VD1～VD4	1N4004	4只
		VD5、VD6	1N4001	2只
6	电位器	RP1	5.1kΩ	1只
		RP2	1kΩ	1只
7	电阻器	R_1	120Ω	1只
		R_2	100Ω	1只
8	单刀单掷开关	S	—	1只
9	实验板		—	1块

（4）测试电路　图7-16所示为集成稳压电路。

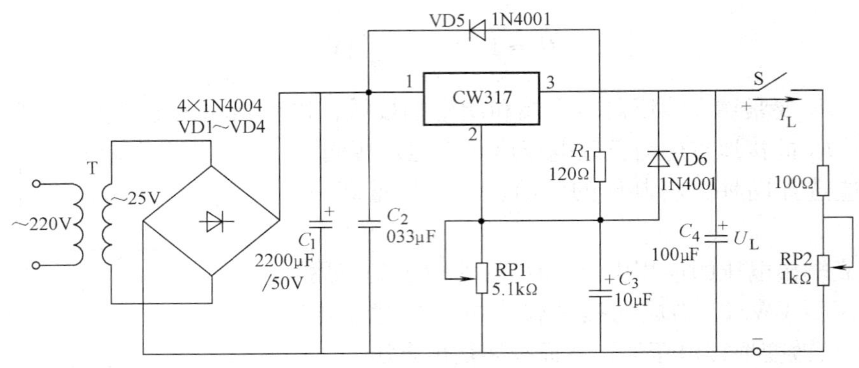

图 7-16　集成稳压电源电路

三、训练内容及步骤

（1）清点、检测元器件并对元器件进行搪锡处理

1）按表 7-8 核对元器件的数量、型号和规格，如有短缺、差错应及时补缺和更换。

2）用万用表检测元器件，对不符合质量要求的元器件剔除并更换。

3）清除元器件引脚上和实验板上的氧化层，并搪锡。

（2）按集成稳压电路原理图进行组装　将元器件插装后再焊接固定，用硬铜导线根据电路的电气连接关系进行布线并焊接固定，组装后的电路板如图 7-17 所示，其焊接面如图 7-18 所示。

图 7-17　集成稳压电源的电路板

（3）电路的测试

1）稳压电源输出电压的调节：保持交流电源 16V 电压不变，调节 RP1 的阻值分别为最

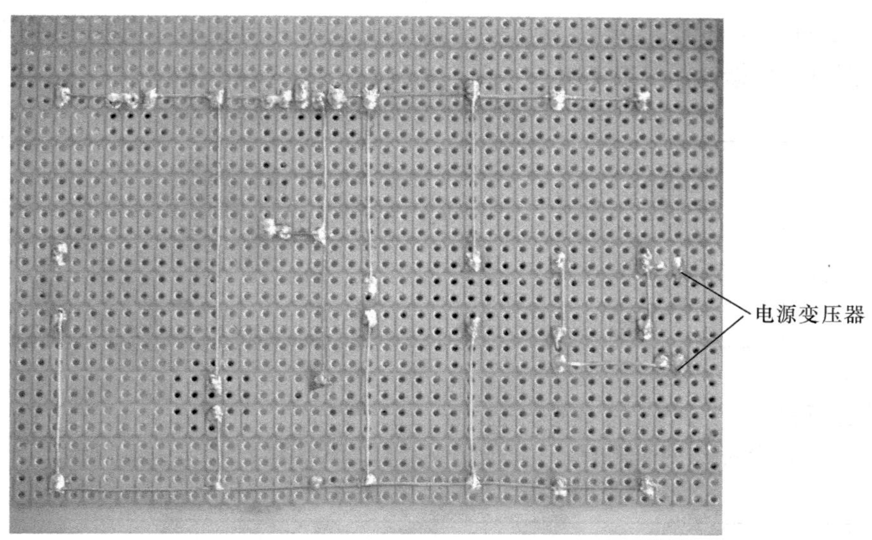

图 7-18　集成稳压电源的焊接面

大和最小，测量输出电压 U_L 的调节范围，将数据记入表 7-8。输出电压也可根据 $U_L \approx 1.25\left(1+\frac{RP}{R_1}\right)$V进行估算。

表 7-8　输出电压测试记录

调节 RP1		阻值最大	阻值最小
输出电压 U_L	测量值		
	计算值		

2）输入电压对稳压电源的影响：调整自耦变压器，使电源电压为 220V，电路输出的电压为 $U_L=12$V。

调整自耦变压器，使电源电压变化 ±10%（198～242V）时，测量出相应的输出电压 U_L'，将测量结果填入表 7-9 中，并计算输出电压的变化量及电压调整率。

表 7-9　输入电压对输出电压的影响情况记录

额定输出电压 U_L/V	12	
电源电压波动 ±10%/V	198	242
输出电压 U_L'/V		
输出电压的变化量($\Delta U_L = U_L' - U_L$)/V		
电压调整率 $K_U = \frac{\lvert\Delta U_L\rvert}{U_L}$		

3）断开开关 S，空载时将输出电压调至 12V。

4）负载对稳压电源的影响：接通天关 S，将稳压电源接入负载，调节 RP2，使负载电

流 I_L 分别为 20mA、40mA、60mA、80mA，测量对应的输出电压 U_L，并将测量结果填入表 7-10。并根据测量数据计算输出电阻 r_o。

表 7-10　负载对输出电压的影响情况记录

I_L/mA	0	20	40	60	80
输出电压 U_L/V	12				
输出电阻 $r_o=\frac{\Delta U_L}{\Delta I_L}$					

四、评分标准

本技能训练评分标准见表 7-11。

表 7-11　评分标准

内容	要求	配分	评分标准	扣分	得分
元器件检测	元器件完好、无损坏	15 分	每处错误扣 3 分		
电路安装	电路安装正确、完整	15 分	电路安装不正确每处扣 5 分		
	布局层次合理，主次分明	10 分	每处不符合扣 3 分		
	接线规范，布线美观，横平竖直	5 分	每处不符合扣 1 分		
	排列整齐	5 分	不整齐扣 3～5 分		
	按图焊接，接线牢固，无虚焊、漏焊，焊点光滑、无毛刺	10 分	焊点粗糙扣 3～5 分，虚焊、漏焊，每处扣除 3～5 分		
调试	通电调试成功	10 分	不成功扣 10 分		
电压的测量	正确使用万用表测量电压，测量结果要正确	25 分	每处不符合扣 5 分		
安全生产	安全、文明操作	10 分	有违反者扣 10 分		

本章小结

1）并联稳压电路通过稳压管电流的变化和限流电阻的调压作用，使输出电压稳定。其结构简单，但输出电压不可调，只适用于负载电流较小且变化范围也较小的场合。

2）串联稳压电路中，输出电压的稳定过程是：取样电路取得输出电压的变化量与基准电压相比较，把比较结果送往调整管，通过调整 U_{CE}，稳定输出电压。

3）三端集成稳压器只有三个引出端：输入端、输出端和公共端（或调整端）。使用时要注意不同型号集成稳压器引脚排列及功能的差异。

4）CW78××为正压输出三端集成稳压器，CW79××为负压输出三端集成稳压器，各有 ±5～±24V 等七种固定输出电压。CW317 为正压可调输出的集成稳压器和 CW337 为负压可调输出的集成稳压器，输出电压可在 ±1.2～±35V 之间连续可调。

复习思考题

1. 在图7-19所示硅稳压管稳压电路中：

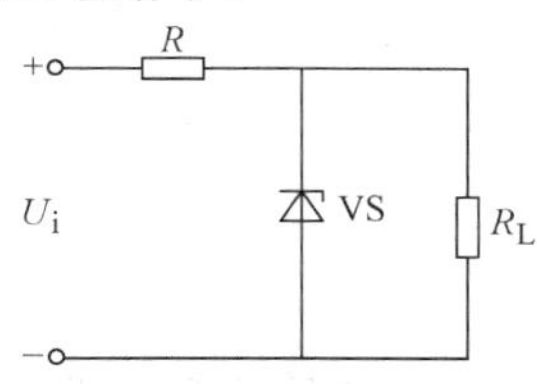

图　7-19

（1）若限流电阻被击穿，该电路还有稳压作用吗？

（2）若稳压管VS的极性接反，会出现什么问题？

2. 带有放大环节的串联晶体管稳压电路由哪几部分组成？各起什么作用？

3. 如图7-20所示，这是一个用三端集成稳压器组成的直流稳压电路。试说明各元器件的作用，并且指出电路在正常工作时的输出电压值。

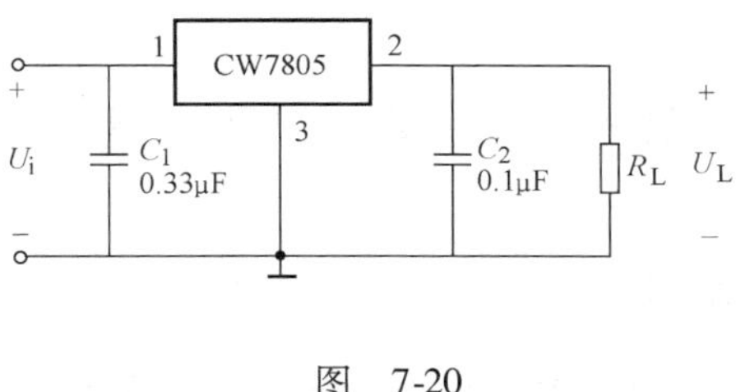

图　7-20

4. 如图7-21所示，试将各元器件连接成输出5V的直流电源（设U_i足够大）。

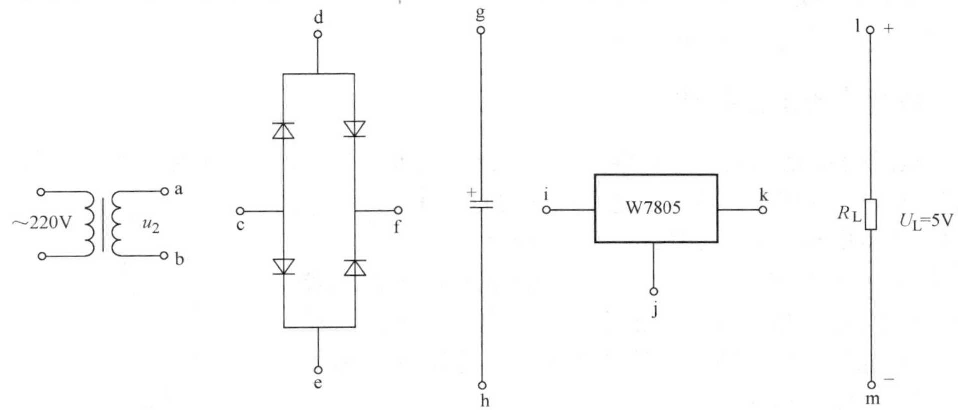

图　7-21

第八章　晶闸管电路

学习目标

晶闸管是一种大功率半导体器件，是半导体技术的应用领域由弱电领域进入强电领域的重要标志，在电力电子技术中得到了广泛的应用。

本章的学习目标是：

1. 了解晶闸管的图形符号，了解其主要参数的含义。
2. 掌握晶闸管的导电特性。学会用万用表对晶闸管进行的简易测试。
3. 熟悉晶闸管单相可控整流电路的组成，理解其工作原理。了解晶闸管的应用。
4. 了解单结晶体管触发电路的应用电路。

第一节　晶　闸　管

一、晶闸管的结构和符号

晶闸管外部有三个电极，内部有PNPN四层半导体，最外层的P层和N层分别引出阳极A和阴极K，中间的P层引出门极G，形成三个PN结。其基本结构如图8-1a所示，图形符号如图8-1b所示，文字符号用VT表示。

图8-2所示为常见晶闸管的外形。

二、晶闸管的工作特性

下面通过图8-3所示实验，观察晶闸管导通和关断的规律，说明晶闸管的工作特性。图中晶闸管阳极A、阴极K、负载（这里是小灯泡）和电源E_A构成的回路称为主电路，E_A为阳极电源。晶闸管门极G、阴极K、开关S、限流电阻R_G和门极电源E_G构成的回路称为触发电路。

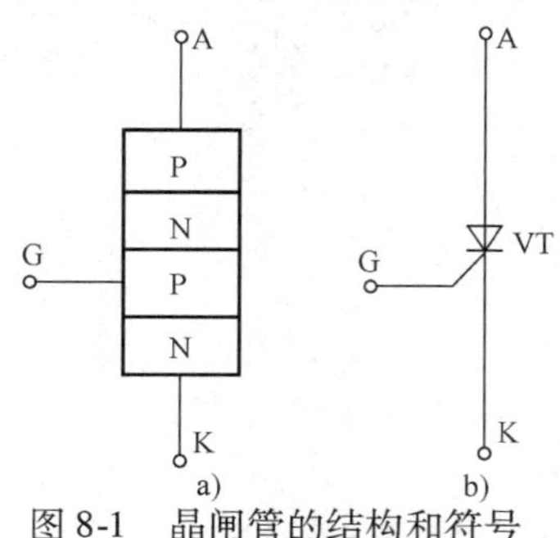

图8-1　晶闸管的结构和符号
a）基本结构　b）图形符号

（1）反向阻断　给晶闸管加上反向阳极电压，无论门极加何种电压，灯泡均不亮，即晶闸管均不导通，这种状态称为反向阻断状态，如图8-3a所示。

（2）正向阻断　给晶闸管加上正向阳极电压时，门极加上反向电压或者不加电压，灯泡均不亮，即晶闸管均不导通，这种状态称为正向阻断状态，如图8-3b所示。

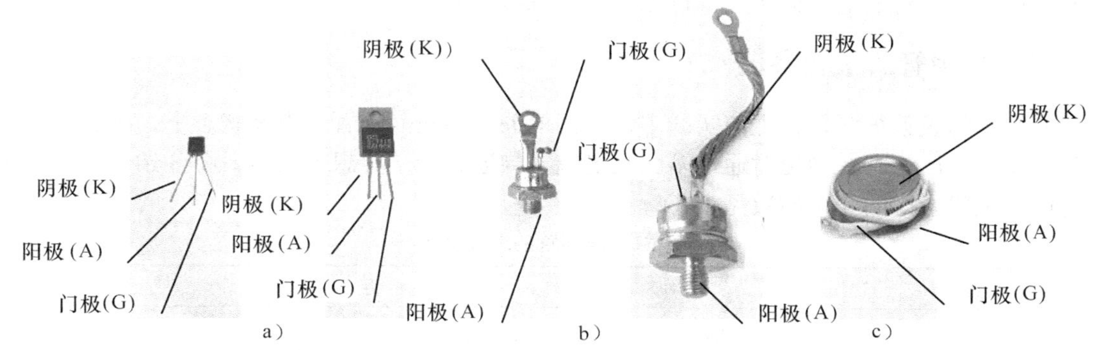

图 8-2　常见晶闸管的外形
a）塑封式　b）螺栓式　c）平板式

（3）触发导通　给晶闸管加上正向阳极电压，将开关 S 合上，即给门极加上正向电压，灯泡亮，即晶闸管导通，这种状态称为正向导通状态，如图 8-3c 所示。

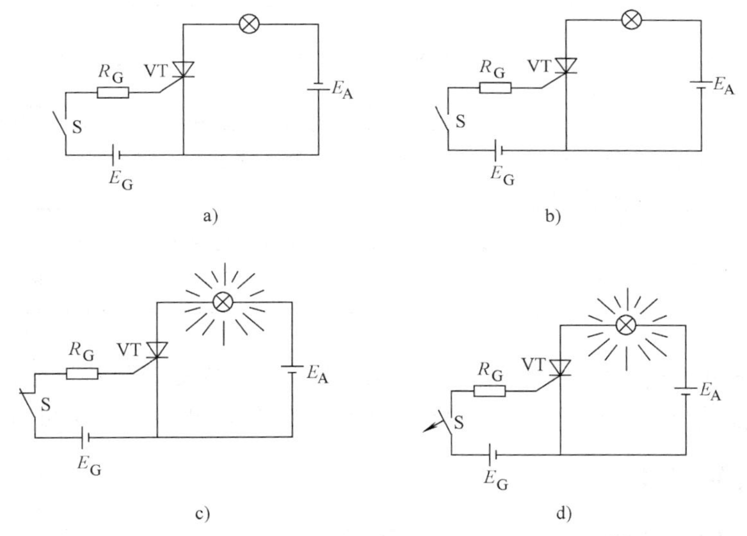

图 8-3　晶闸管工作特性
a）反向阻断　b）正向阻断　c）触发导通　d）除去触发信号仍导通

晶闸管导通后，若将开关 S 断开，灯泡仍亮，这说明晶闸管一旦导通后，门极即失去控制作用，门极只起触发作用，如图 8-3d 所示。

通过上述实验，可知晶闸管导通和关断具有一定的规律性：

1）晶闸管与二极管十分相似，也具有单向导电性，但是晶闸管的导通是通过门极控制的，所以晶闸管具有可控的单向导电性。

2）晶闸管导通的条件是：阳极与阴极间加正向电压，同时在门极与阴极间加上正向电压 。

3）晶闸管一旦导通，门极即失去控制作用。要使导通后的晶闸管关断，可降低阳极电压使得通过晶闸管的电流低于其维持电流 I_H，或改变阳极电压的极性。

三、晶闸管的主要参数

晶闸管的参数很多，在生产实践中，我们最关心的是晶闸管在阻断状态下，能够承受多大正、反向电压，它在导通时通过多大的电流，导通的管子要想关断需要哪些条件等。在实际使用时主要考虑的几个参数见表 8-1。

表 8-1　晶闸管的主要参数

<table>
<tr><th>参　　数</th><th>符号</th><th colspan="2">说　　明</th></tr>
<tr><td>断态重复峰值电压</td><td>U_{DRM}</td><td>结温为额定值时,门极断开,允许重复加在晶闸管 A、K 间的正向峰值电压。一般这一电压比正向转折电压小 100V</td><td rowspan="2">通常情况,U_{DRM} 和 U_{RRM} 两者相差不大,统称为峰值电压,俗称额定电压。若两者不等,则取其较小的电压</td></tr>
<tr><td>反向重复峰值电压</td><td>U_{RRM}</td><td>结温为额定值时,门极断开,允许重复加在晶闸管 A、K 间的反向峰值电压。一般这一电压比反向击穿电压小 100V</td></tr>
<tr><td>通态平均电流</td><td>$I_{T(AV)}$</td><td colspan="2">在规定环境温度和散热条件下,结温为额定值,允许通过的工频正弦半波电流的平均值</td></tr>
<tr><td>通态平均电压</td><td>$U_{T(AV)}$</td><td colspan="2">结温稳定,通过正弦半波额定的平均电流,晶闸管导通时,阳极 A 和阴极 K 间的电压平均值,习惯上称为导通时的管压降,一般为 1V 左右。它的大小反映了晶闸管的管耗大小,此值愈小愈好</td></tr>
<tr><td>维持电流</td><td>I_H</td><td colspan="2">在规定环境温度下门极断路时,维持晶闸管继续导通所必需的最小电流,一般为几十到几百毫安。它是晶闸管由通到断的临界电流,要使晶闸管关断,必须使正向电流小于 I_H</td></tr>
</table>

注意：晶闸管在正向工作时，可能处于导通状态，也可能处于阻断状态。晶闸管的参数中，断态和通态都是为了区分正向的两种不同状态，因此，“正向”二字可省去。

四、晶闸管的型号

国产普通型晶闸管的型号有 3CT 系列和 KP 系列。它们各组成部分的含义如下：

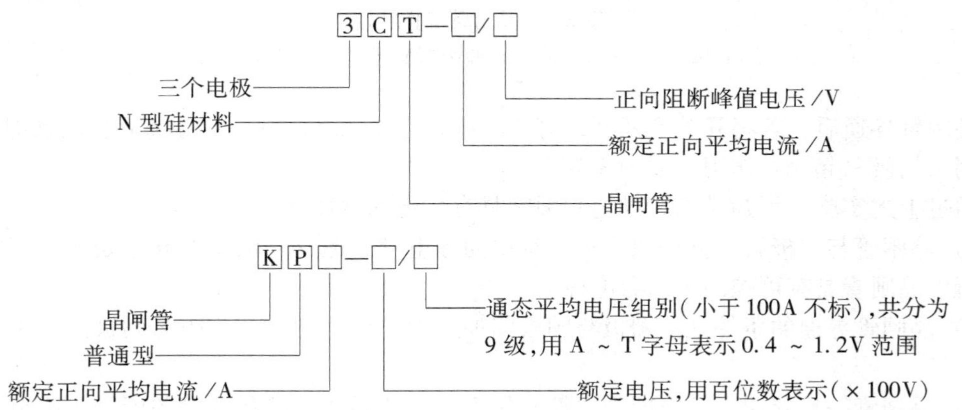

例如：3CT—5/500 表示额定电流为 5A，额定电压为 500V 的普通型晶闸管；KP100—12G 表示额定电流为 100A，额定电压 1200V，正向通态平均电压组别为 G 的普通反向阻断型晶闸管。

第二节　晶闸管单相可控整流电路

单相可控整流电路，常见的有最基本的单相半波可控整流电路和应用较广的单相半控桥式整流电路。

一、单相半波可控整流电路

1. 电路组成及工作原理

将单相半波整流电路中的二极管换成晶闸管即构成单相半波可控整流电路，如图 8-4 所示。

晶闸管从开始承受正向阳极电压起，到触发导通其间的电角度称为触发延迟角，用 α 表示。

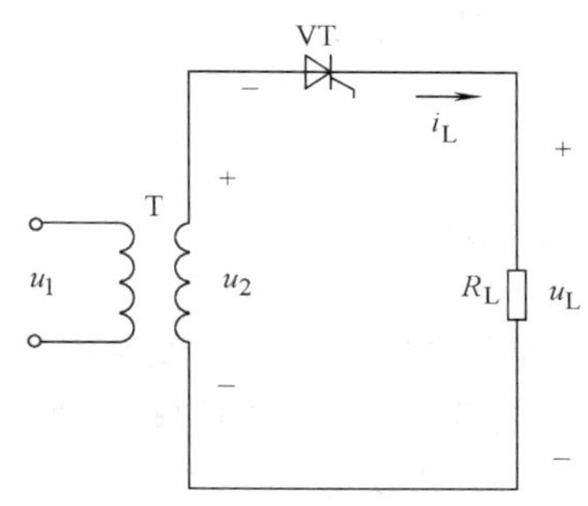

图 8-4　单相半波可控整流电路

该电路的工作原理是：

$u_2>0$（即 $0\sim\pi$）时，晶闸管 VT 承受正向电压，如果 VT 的门极上没有触发脉冲，则 VT 处于正向阻断状态，输出电压 $u_L=0$。

若在某时刻（触发延迟角 α）给 VT 的门极施加触发脉冲 u_g，则 VT 导通。在 $wt=\alpha\sim\pi$ 期间，尽管触发脉冲 u_g 已消失，但晶闸管仍保持导通，直到 u_2 过零（$\omega t=\pi$）时，通过晶闸管 VT 的电流小于维持电流，晶闸管自行关断。在此期间 $u_L=u_2$，极性为上正下负。

$u_2<0$（即 $\pi\sim2\pi$）时，晶闸管 VT 由于承受反向电压而反向阻断，输出电压 $u_L=0$。直到下一个周期到来时，且触发延迟角为 α 有触发脉冲 u_g 时，晶闸管将再次导通，如此循环往复，在负载上得到单一方向的直流电压，图 8-5 所示为触发延迟角为 α 时的工作波形。

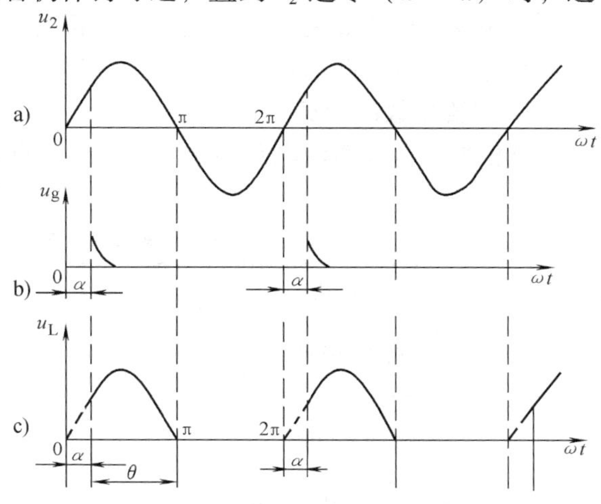

图 8-5　输出电压工作波形

a）变压器二次电压　b）触发脉冲　c）输出电压

晶闸管在一个周期内导通的电角度称为导通角，用 θ 表示。由图 8-5 可知，$\theta=\pi-\alpha$。触发延迟角 α 越大，导通角 θ 越小。

触发延迟角 α 分别为 0°、30°、60°、

90°、180°时电路的工作波形分别如图 8-6 ~ 图 8-10 所示。

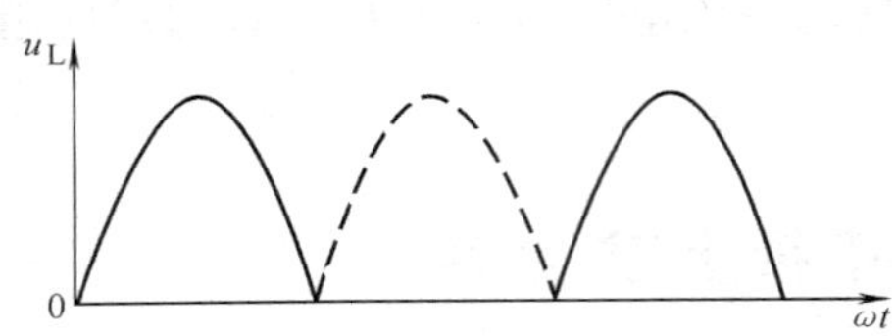

图 8-6 $\alpha = 0°$时的输出电压波形

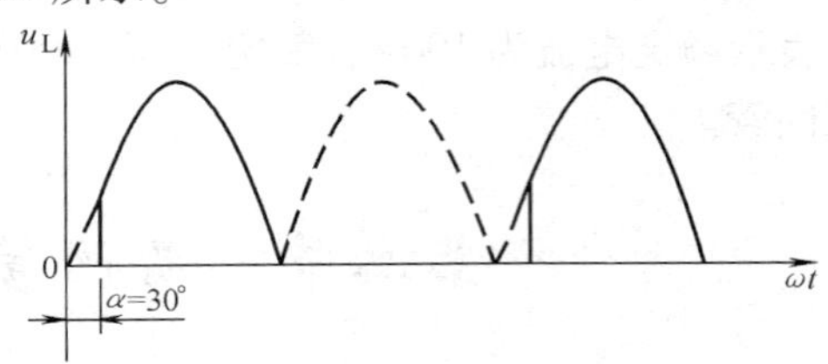

图 8-7 $\alpha = 30°$时的输出电压波形

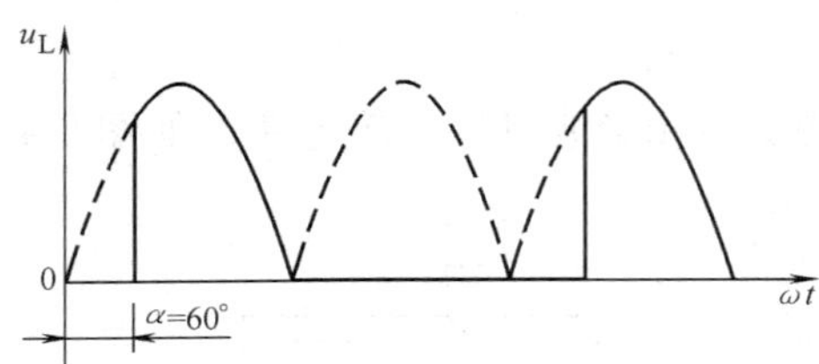

图 8-8 $\alpha = 60°$时的输出电压波形

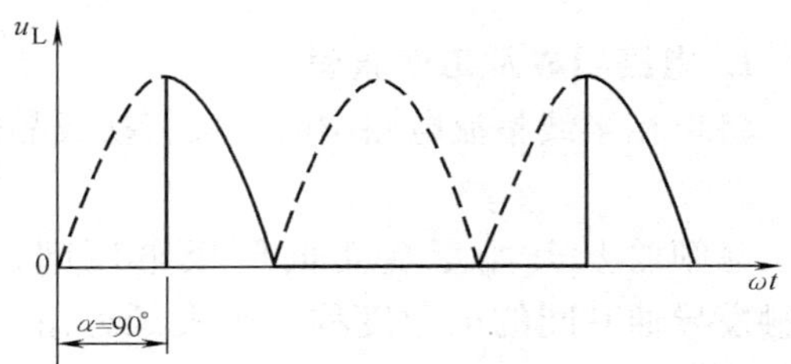

图 8-9 $\alpha = 90°$时的输出电压波形

由输出波形可见，改变触发延迟角 α 的大小，即改变触发脉冲在每周期内触发的时刻，u_L 的波形随之改变，其波形只出现在正半周期。当 $\alpha = 0°$时，输出波形同单相半波整流电路，这时，输出电压最大；α 增大，输出电压减小；$\alpha = 180°$时，输出波形是一条与横轴重合的直线，$u_L = 0$。

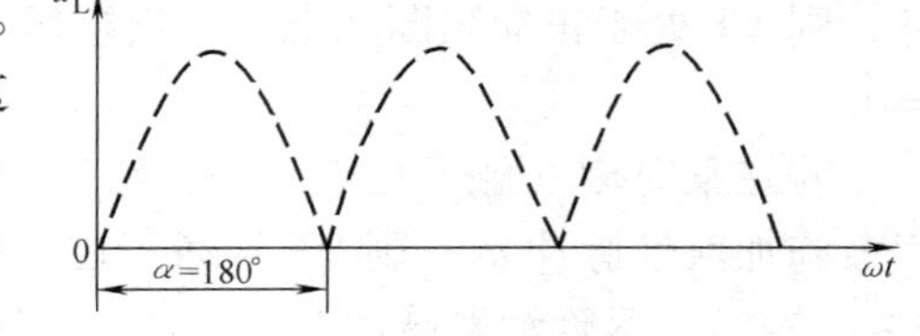

图 8-10 $\alpha = 180°$时的输出电压波形

把触发延迟角 α 的变化范围称为移相范围。单相半波可控整流电路的移相范围为 0° ~ 180°。

2. 主要参数的计算

单相半波可控整流电路参数计算公式，见表 8-2。

表 8-2 单相半波可控整流电路参数计算公式

电 路 参 数	计 算 公 式
输出电压平均值	$U_L = 0.45U_2 \dfrac{1+\cos\alpha}{2}$
负载电流平均值	$I_L = \dfrac{U_L}{R_L}$
通过晶闸管的电流平均值	$I_T = I_L$
晶闸管承受的最大电压	$U_{RM} = \sqrt{2}U_2$

3. 电路特点

单相半波可控整流电路很简单，只用一只晶闸管，调整很方便，缺点是整流输出电压脉动大、设备利用率不高等，只适用于对直流电压要求不高的小功率可控整流设备中。

例 1　在图 8-4 所示电路中，变压器二次电压 $U_2=120\text{V}$，当触发延迟角分别为 0°、90°、120°、180°时，负载上的平均电压是多少？

解　$\alpha=0°$时　$U_L=0.45\times120\times\frac{1+\cos0°}{2}\text{V}=54\text{V}$

$\alpha=90°$时　$U_L=0.45\times120\times\frac{1+\cos90°}{2}\text{V}=27\text{V}$

$\alpha=120°$时　$U_L=0.45\times120\times\frac{1+\cos120°}{2}\text{V}=13.5\text{V}$

$\alpha=180°$时　$U_L=0.45\times120\times\frac{1+\cos180°}{2}\text{V}=0\text{V}$

二、单相半控桥式整流电路

1. 电路组成及工作原理

将单相桥式整流电路中两只整流二极管换成两只晶闸管便组成了单相半控桥式整流电路，如图 8-11 所示。晶闸管 VT1、VT2 的阴极接在一起，组成共阴极的电路形式；二极管 VD1、VD2 组成共阳极的电路形式。

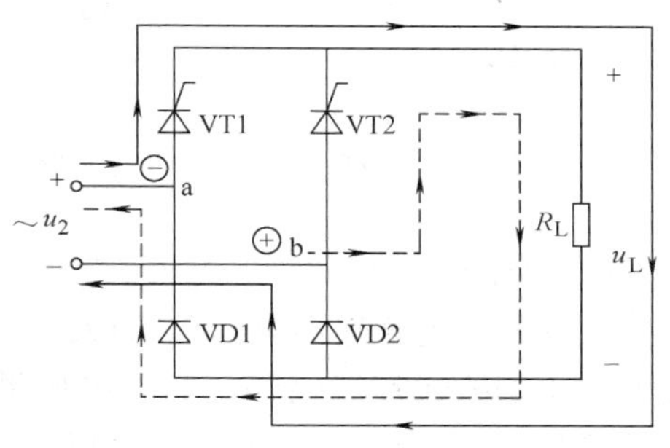

图 8-11　单相半控桥式整流

触发脉冲同时送给 VT1、VT2 的门极。VT1 和 VT2 的阳极电位最高，且受到触发才能导通；VD1 和 VD2 阴极电位最低，且当 VT1 或 VT2 导通时才能导通。在任何时刻必须有共阴组的一个晶闸管和共阳极组的一个二极管同时导通，才能使整流电流流通。

$u_2>0$ 时，晶闸管 VT1 和二极管 VD2 承受正向电压，如果未加触发电压，则晶闸管处于正向阻断状态，输出电压 $u_L=0$。

在触发延迟角为 α 时，加入触发脉冲 u_g，晶闸管 VT1 被触发导通，导通电流的方向如图 8-11 中实线所示 。在 $wt=\alpha\sim\pi$ 期间，尽管触发脉冲 u_g 已消失，但晶闸管仍保持导通，直至 u_2 过零（$wt=\pi$）时，晶闸管自行关断。在此期间，$u_L=u_2$，极性为上正下负，$i_{VT1}=i_{VD2}=i_L$。

$u_2<0$ 时，晶闸管 VT2 和二极管 VD1 承受正向电压，只要触发脉冲 u_g 到来，晶闸管就导通。导通电流的方向如图 8-11 中虚线所示。输出电压 $u_L=u_2$，仍为上正下负，$i_{VT2}=i_{VD1}=i_L$。当 u_2 过零时，VT2 关断，如此循环往复。图 8-12 所示为触发延迟

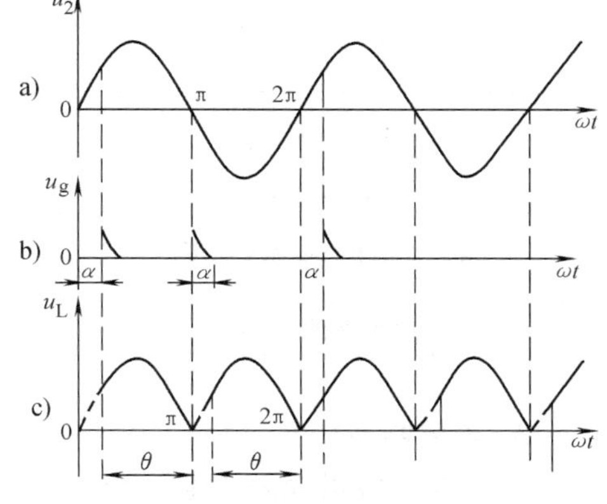

图 8-12　输出电压的工作波形
a）变压器二次电压　b）触发脉冲　c）输出电压

角为 α 时输出电压的波形。

图 8-13 ~ 图 8-17 是触发延迟角 α 分别为 0°、30°、60°、90°和 180°时输出电压的工作波形。

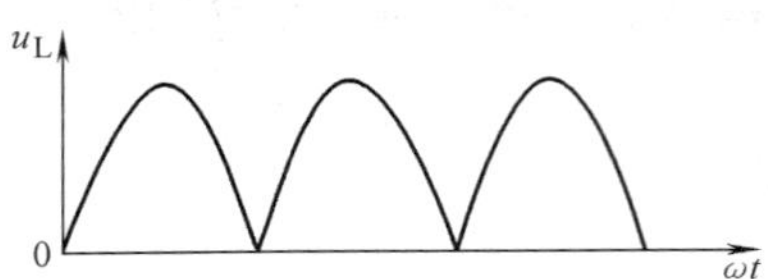

图 8-13　$\alpha = 0°$时的输出电压波形

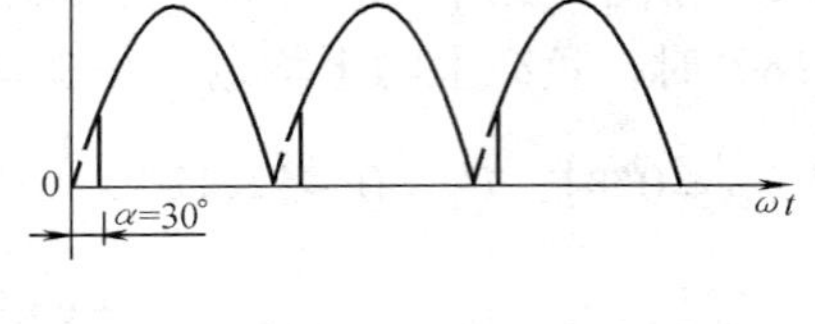

图 8-14　$\alpha = 30°$时的输出电压波形

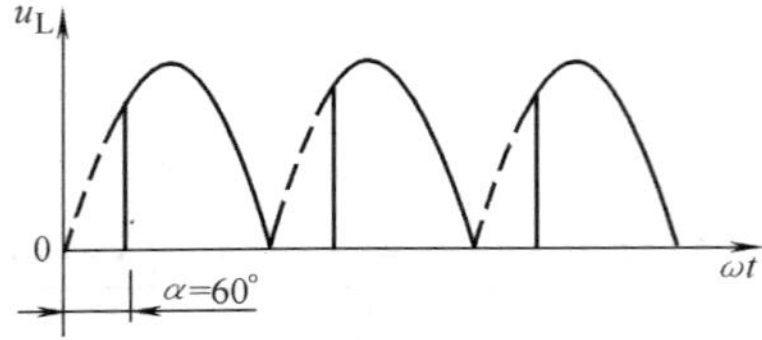

图 8-15　$\alpha = 60°$时的输出电压波形

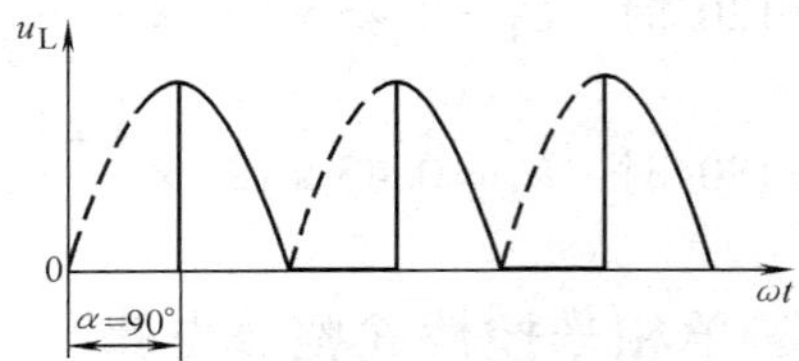

图 8-16　$\alpha = 90°$时的输出电压波形

改变触发脉冲的时间，即改变触发延迟角 α 的大小，就能改变整流电路输出电压 u_L 的大小：当 $\alpha = 0°$时，输出波形同单相桥式整流电路，输出电压最大；α 增大，输出电压减小；$\alpha = 180°$时，$u_L = 0$。单相半控桥式整流电路的移相范围为 0° ~ 180°。

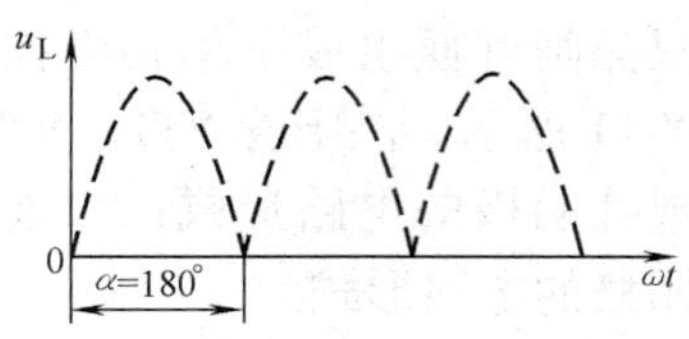

图 8-17　$\alpha = 180°$时的输出电压波形

2. 主要参数计算

单相半控桥式整流电路参数计算公式，见表 8-3。

表 8-3　单相半控桥式整流电路参数计算公式

电 路 参 数	计 算 公 式
输出电压平均值	$U_L = 0.9U_2 \dfrac{1+\cos\alpha}{2}$
负载电流平均值	$I_L = \dfrac{U_L}{R_L}$
通过晶闸管的电流平均值	$I_T = \dfrac{1}{2}I_L$
晶闸管承受的最大电压	$U_{RM} = \sqrt{2}U_2$

3. 电路特点

与单相半波可控整流电路相比，单相半控桥式整流电路具有输出电压较大，脉动较小，设备利用率较高等优点，所以应用较广。

例 2　一单相半控桥式整流电路，其输入电压 $U_2 = 220\text{V}$，$R_L = 5\Omega$，若要求输出电压的范围为 0～150V，试求输出最大电流 I_{LM} 和晶闸管的导通角范围。

解　输出最大平均电流为

$$I_{LM}=\frac{U_{LM}}{R_L}=\frac{150}{5}A=30A$$

当输出电压为 150V 时：

$$\cos\alpha=\frac{2\times150}{0.9\times220}-1\approx0.51$$

查表得 $\alpha\approx60°$，则

$$\theta=180°-60°=120°$$

显然 $\alpha=180°$时输出电压为零，导通角为零，所以晶闸管导通角的范围是 0°～120°。

技能训练 16　晶闸管直流调光电路的安装和测试

一、训练目的

1. 会用万用表检测晶闸管。
2. 能够按步骤组装一个晶闸管直流调光电路，了解电路的工作原理。

二、训练器材

（1）工具　电烙铁、焊料及常用无线电装配工具一套。

（2）仪表　万用表、示波器。

（3）元器件　本技能训练所需元器件见表 8-4。

表 8-4　训练所需元器件

序　号	名　称		规　格	数　量
1	整流二极管 VD1、VD2、VD3、VD4		1N4007	4 只
2	稳压二极管 VS		2CW132	1 只
3	晶闸管 VT		3CT151	1 只
4	单结晶体管 VU		BT33	1 只
5	电阻器	R_1、R_3	100Ω	2 只
		R_2	470Ω	1 只
		R_4	1kΩ	1 只
6	电位器 RP		100kΩ	1 只
7	指示灯		—	1 只
8	电容器 C		0. 1uF	1 只
9	开关		单刀单掷	1 个
10	实验板		—	1 块

（4）测试电路　图 8-18 所示为晶闸管调光电路。

三、训练内容及步骤

1. 识别晶闸管外壳上的符号意义
2. 检测晶闸管

对于螺栓式和平板式晶闸管可以从外形上分辨出引脚对应的电极，对于有些塑封式可利用万用表通过测试其正、反向电阻判断其极性，检测其好坏。

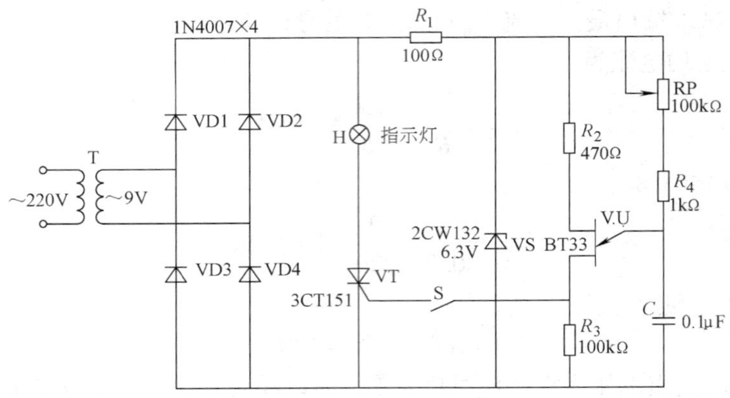

图 8-18　晶闸管调光电路

注意：晶闸管门极 G 与阴极 K 之间有一个 PN 结，类似一只二极管，具有单向导电性，而阳极 A 与门极 G 之间有两个 PN 结，阳极 A 与阴极 K 之间有三个 PN 结，因这些 PN 结是反串在一起的，正、反向电阻均很大。

（1）极性的判断　将万用表置于 $R\times1\text{k}$ 或 $R\times100$ 挡，按图 8-19 所示进行测试。如果测得其中两个电极间的阻值较小（正向电阻），而交换表笔后测得阻值很大（反向电阻），那么，以阻值较小的为准，黑表笔所接的就是门极 G，而红表笔所接的就是阴极 K，剩下的电极便是阳极。

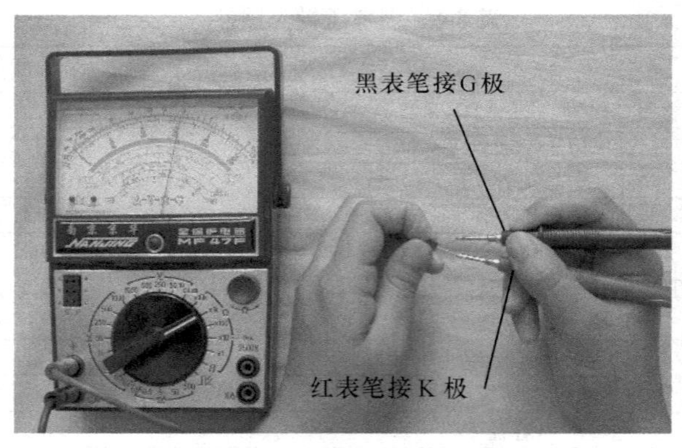

图 8-19　用万用表判断晶闸管极性的判断

在测试中，如果测得的正反向电阻都很大时，应调换管脚再进行测试，直到找到正反向电阻值一大一小的两个电极为止。

（2）好坏的判断　如图 8-20 所示，用万用表的电阻挡通过测正、反向电阻来判断好坏。测得阳极 A 与门极 G，阳极 A 与阴极 K 间正、反向电阻应该均很大，门极 G 与阴极 K 间正、反向电阻有差别，说明晶闸管是好的，否则，晶闸管是坏的不能使用。

3. 清点、检测元器件并对元器件进行搪锡处理

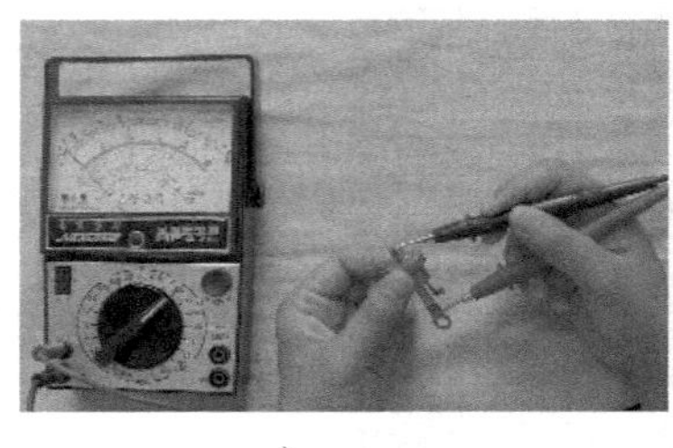

a）

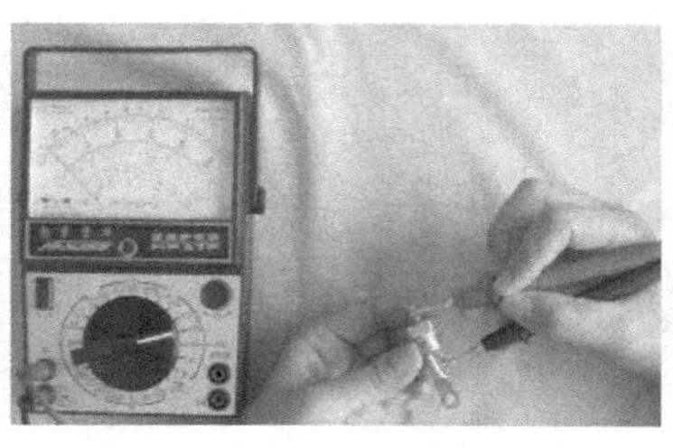

b）

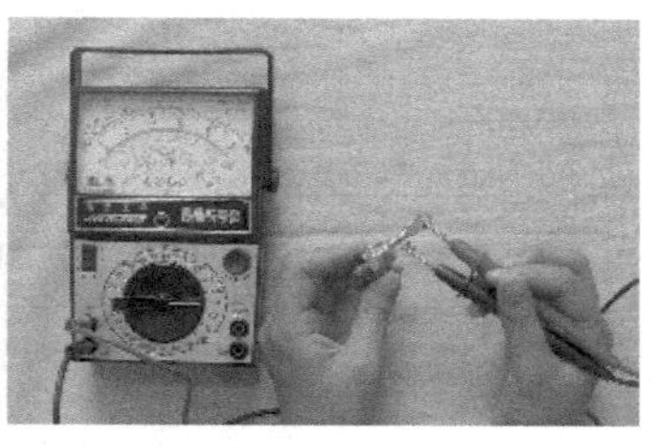

c）

图 8-20　用万用表来判断晶闸管的好坏

a）阳极与阴极间的电阻　b）阳极与门极间的电阻　c）阴极与门极间的电阻

1）按表 8-4 核对元器件的数量、型号和规格，如有短缺、差错应及时补缺和更换。

2）用万用表检测电路元器件，对不符合质量要求的元器件剔除并更换。

3）清除元器件引脚上和实验板上的氧化层，并搪锡。

4. 电路的组装

准备好电烙铁及无线电常用装配工具，按原理图将元器件插接后焊接固定，再用硬铜导线根据电路的电气连接关系进行布线并焊接固定，组装后的电路如图 8-21 所示，其焊接面如图 8-22 所示。

图 8-21　晶闸管调光电路的电路板

5. 电路的测试

合上开关 S，调节 RP 的阻值，用示波器观察指示灯两端的电压波形，记录波形，测量波形的频率和幅度，同时观察指示灯亮度的变化，并且做好记录见表 8-5。

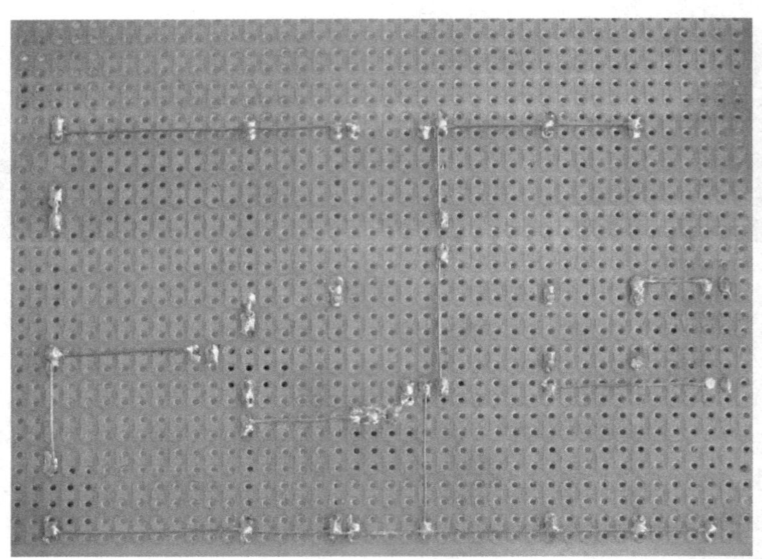

图 8-22 晶闸管调光电路的焊接面

表 8-5 输出电压及波形记录

指示灯两端的电压幅度		指示灯两端的电压波形	指示灯亮度的变化	
增大 RP 时	减小 RP 时	u_o O t	增大 RP 时	减小 RP 时

其中，用示波器测量波形时，垂直输入灵敏度选择开关（V/div）每格________V 挡，扫描时间转换开关（s/div）每格________ms 挡。

四、训练评分标准

本技能训练评分标准见表 8-6。

表 8-6 评 分 标 准

内容	要　求	配分	评分标准	扣分	得分
元器件检测	元器件完好，无损坏	15 分	每处损坏扣 3 分		
电路安装	电路安装正确，完整	15 分	安装不正确每处扣 5 分		
	布局层次合理，主次分清	10 分	每处不符合扣 5 分		
	接线规范，布线美观，横平竖直	5 分	每处不符合扣 2 分		
	排列整齐	5 分	不整齐扣 5 分		
	按图焊接，接线牢固，无虚焊、漏焊，焊点光滑，无毛刺	10 分	焊点粗糙扣 3 ~ 5 分，虚焊、漏焊，每处扣除 3 ~ 5 分		

（续）

内容	要　　求	配分	评分标准	扣分	得分
调试	通电调试	10 分	不成功扣 10 分		
波形的测量	正确使用示波器测量波形，测量的结果（波形形状和幅度）要正确	20 分	一处不符合扣 4 分		
安全生产	安全、文明操作	10 分	违反者扣 10 分		

第三节 单结晶体管电路

一、单结晶体管

1. 单结晶体管的结构、符号

单结晶体管内部有一个 PN 结，所以称为单结晶体管。但是它仍有三个电极，分别是发射极和两个基极，所以又叫双基极二极管。单结晶体管的内部结构：在一块高电阻率的 N 型硅片两端，制作两个接触电极，分别叫第一基极和第二基极，分别用符号 B1 和 B2 表示，硅片的另一侧在靠近第二基极 B2 处制作了一个 PN 结，并在 P 型硅片上引出发射极 E，如图 8-23a 所示。单结晶体管的图形符号如图 8-23b 所示。

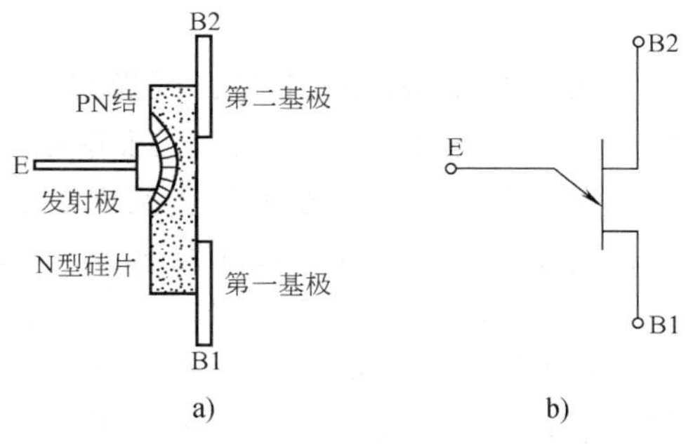

图 8-23　单结晶体管
a）结构　b）图形符号

单结晶体管的常见外形如图 8-23a 所示。

单结晶体管的等效电路如图 8-24b 所示。E 与 B1 之间为一个 PN 结，相当于一个二极管。R_{B1}表示 B1 与 E 之间的电阻，R_{B2}表示 B2 与 E 之间的电阻，在正常工作时，R_{B1}随发射极电流 I_E 的变化而变化，I_E 增大，R_{B1}减小。R_{B2}与 I_E 无关，且 $R_{B1} > R_{B2}$。两基极 B1 与 B2 之间的电阻 $R_{BB} = R_{B1} + R_{B2}$。

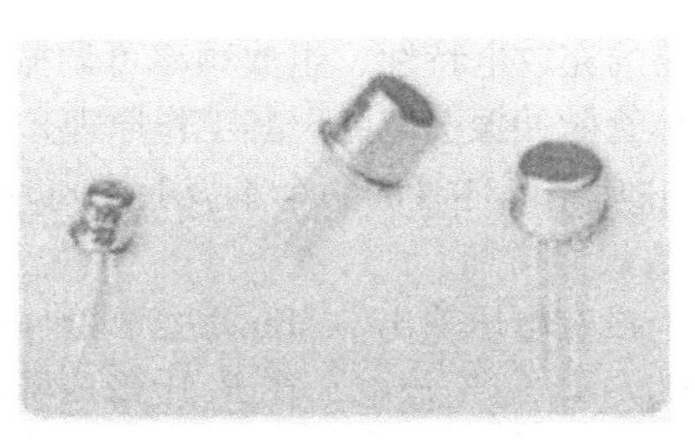

a)

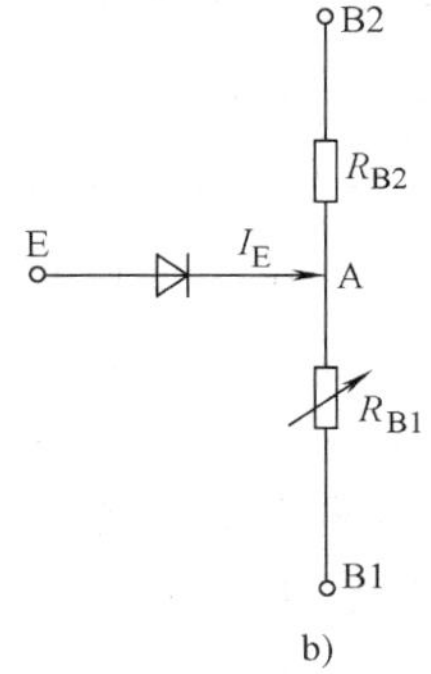

b)

图 8-24　单结晶体管的外形及等效电路
a）外形　b）等效电路

若在两基极 B2、B1 间加上正向电压 U_{BB}，则 A 点电压为

$$U_A = \frac{R_{B1}}{R_{B1} + R_{B2}} U_{BB} = \frac{R_{B1}}{R_{BB}} U_{BB} = \eta U_{BB}$$

式中，η 称为分压比，其值一般在 0.3 ~0.9 之间。

2. 单结晶体管的伏安特性

单结晶体管的伏安特性是指射极电压与射极电流之间的关系曲线，如图 8-25 所示。

当 $u_E < U_A$ 时，PN 结反向截止，单结晶体管也截止。于是，对应曲线 P 点以前的区域称为截止区。

当 $u_E > U_A$ 时，PN 结正向偏置，当 $u_E = \eta U_{BB} + U_{VD}$ 时，PN 结导通，i_E 显著增加，R_{B1} 阻值迅速减小，u_E 相应下降。电压随电流增加反而下降的特性，称为“负阻特性”。管子由截止区进入负阻区的临界点 P，称为“峰点”，与其对应的发射极电压和电流，分别称为峰点电压 U_p 和峰点电流 I_p，$U_p = \eta U_{BB} + U_{VD}$，其中 U_{VD} 为二极管正向压降（约为 0.7V）。

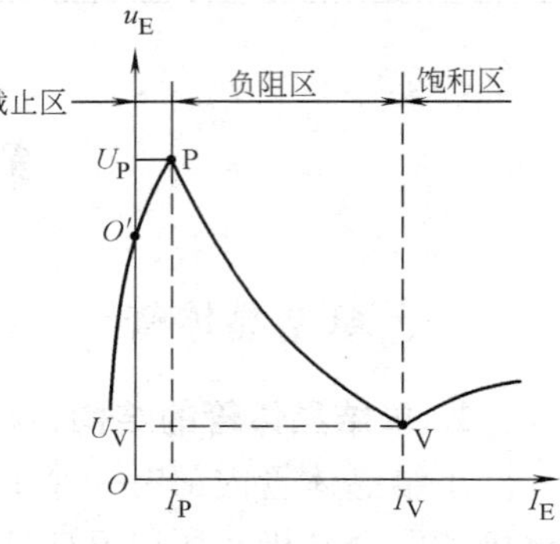

图 8-25 单结晶体管的伏安特性

随着 i_E 上升，u_E 下降，当降到 V 点后，u_E 不再降了，V 点称为“谷点”，与其对应的发射极电压和电流，称为谷点电压 U_V 和谷点电流 I_V。

过了 V 点后，单结晶体管又恢复正阻特性，即 u_E 随 i_E 增加便缓慢地上升，但变化很小，所以谷点右边的区域称为饱和区。显然，U_V 是维持单结晶体管导通的最小发射极电压，如果 $u_E < U_V$，管子重新截止。

综上所述，单结晶体管具有如下特点：当发射极电压等于峰点电压 U_p 时，单结晶体管导通。导通后，发射极电压 u_E 减小，当发射极电压 u_E 减小到谷点电压 U_V 时，管子又由导通转变为截止。一般单结晶体管的谷点电压在 2 ~5V。

单结晶体管的型号有 BT31、BT33、BT35 等，其中“B”表示半导体，“T”表示特种管，“3”表示 3 个电极，第四个数字表示耗散功率为 100mW、300mW、500mW。

不同型号的单结晶体管峰点电压 U_p 和谷点电压 U_V 不同。

二、单结晶体管振荡电路

利用单结晶体管的负阻特性和 RC 电路的充放电特性，组成频率可调振荡电路，产生晶闸管的触发脉冲。图 8-26a 所示为单结晶体管脉冲振荡电路。其工作原理是：

接通电源 V_{BB} 后，电源通过 R_1、R_2 加在单结晶体管的两个基极上，同时，电源通过 RP、R_E 给电容 C 充电，电容两端电压 u_C 按指数规律增加。

当 $u_C < U_P$ 时，单结晶体管截止，R_1 上没有电压输出。当 u_C 达到峰点电压 U_P 时，单结晶体管导通，R_{B1} 迅速减小，电容 C 通过 R_{B1}、R_1 迅速放电，在 R_1 上形成脉冲电压。

随着电容 C 的放电，u_E 迅速下降，当 $u_E < U_V$ 时单结晶体管截止，放电结束，输出电压又降到零，完成一次振荡。

电源对电容再次充电，重复上述过程。于是在电容 C 上形成锯齿波脉冲，在 R_1 上产生一系列的尖脉冲电压，如图 8-26b 所示。

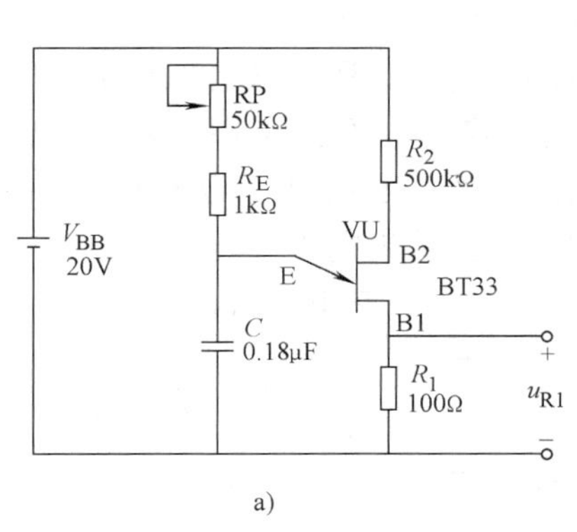

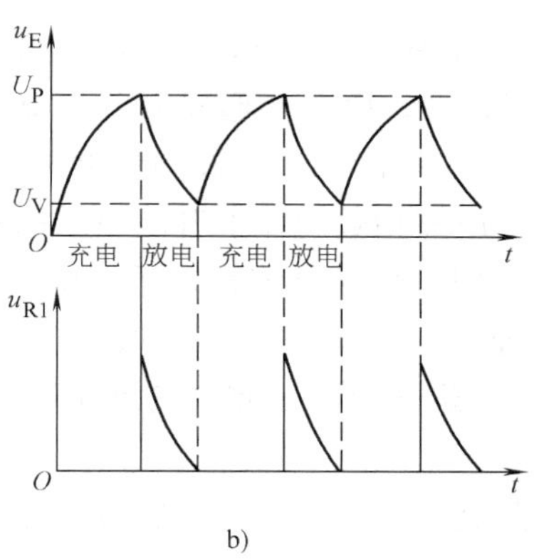

图 8-26　单结晶体管振荡电路及波形
a）电路　b）射极电压和输出电压

通过上述电路工作过程的分析，可知，振荡过程的形成是利用了单结晶体管的负阻特性和 RC 的充放电特性实现的。

改变 RP 的阻值（或电容 C 的大小），便可改变电容充放电的快慢，使输出脉冲波形前移或后移，从而控制晶闸管的触发导通时刻，显然 $\tau = RC$ 大时，充电过程较慢，触发脉冲后移，触发延迟角增大；τ 小时，放电过程较快，触发脉冲前移，触发延迟角减小。

三、单结晶体管触发电路

图 8-27 所示为具有触发电路的单相半控桥式整流电路，图的上半部分是单结晶体管触发电路。该触发电路与图 8-26 相比，除电源不同之外，其余均相同。该触发电路的工作原理是：

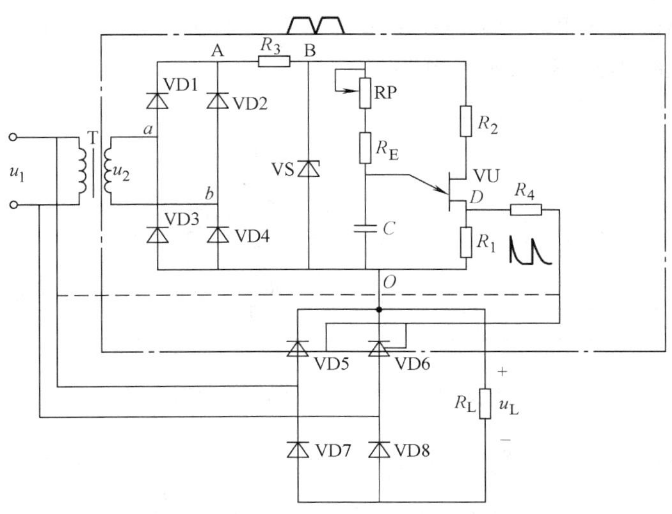

图 8-27　单结晶体管同步触发电路

交流电经桥式整流，得到如图 8-28 所示整流输出波形。再经稳压管稳压后，可得到如图 8-29 所示梯形波。由于梯形波电压和交流电压同时为零，所以就可保证触发电路的电源电压与交流电源电压的同步。该同步电压作为触发电路的电源通过 RP、R_E 向电容 C 充电，电容的端电压 u_C 按指数规律上升。单结晶体管的发射极电压 u_E 等于电容两端电压 u_C。

当 $u_C < U_P$ 时，单结晶体管处于截止状态，触发电路输出电压 $u_g = 0$ 。

当 u_C 上升到 $u_C = U_P$ 时，单结晶体管由截止变为导通，其电阻 R_{B1} 急剧减小，于是电容 C 经 E→B1→R_1 迅速放电，放电电流通过 R_1 转变为尖脉冲电压 u_g。

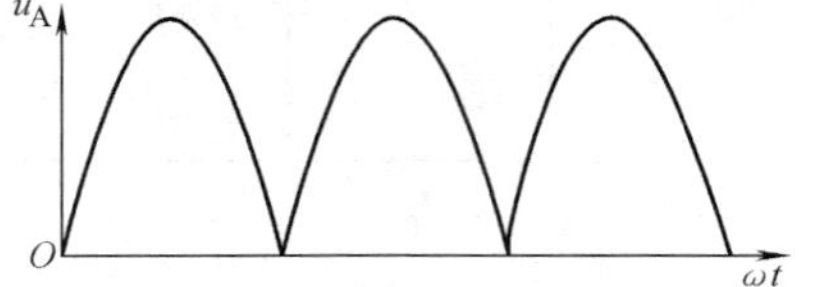

图 8-28　整流输出电压波形

当 u_C 下降到 $u_C < U_V$ 时，单结晶体管截止，输出电压 $u_g = 0$ 。

截止以后电源再次经 RP、R_E 向电容 C 充电，重复上述过程。于是在电阻 R_1 上通过 R_4 得到一个又一个的脉冲电压 u_g 波形，如图 8-30 所示。

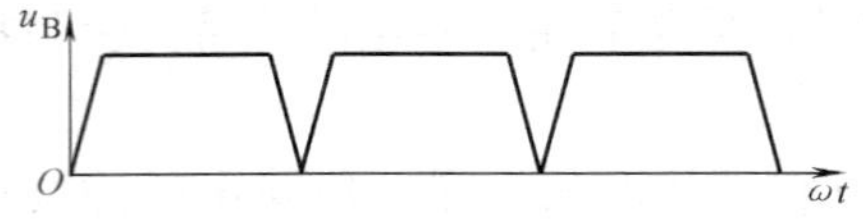

图 8-29　稳压管两端的电压波形

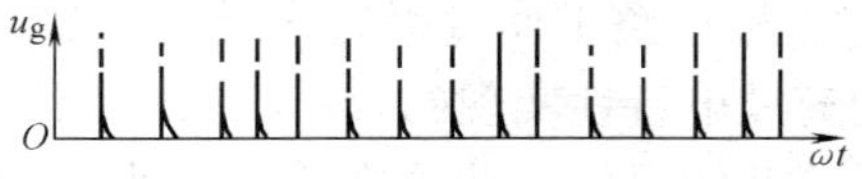

图 8-30　输出脉冲波形

由于每半个周期内第一个脉冲将使晶闸管触发后，后面的脉冲均无作用，因此，只要改变每半周期内第一个脉冲产生的时间，即改变了触发延迟角的大小。若电容 C 充电较快，第一个脉冲输出的时间就提前；在实际应用中，通过改变 RP 的大小可改变触发延迟角 α 的大小，从而达到触发脉冲移相的目的。

由单结晶体管组成的触发电路，具有简单、可靠、触发脉冲前沿陡、抗干扰能力强以及温度补偿性能好等优点，所以多用于 50A 以下中小容量的单相可控整流电路中。

图 8-27 所示单结晶体管触发电路中的电位器只能手动调节。图 8-31 所示为利用控制电压来进行自动移相的单结晶体管触发电路。

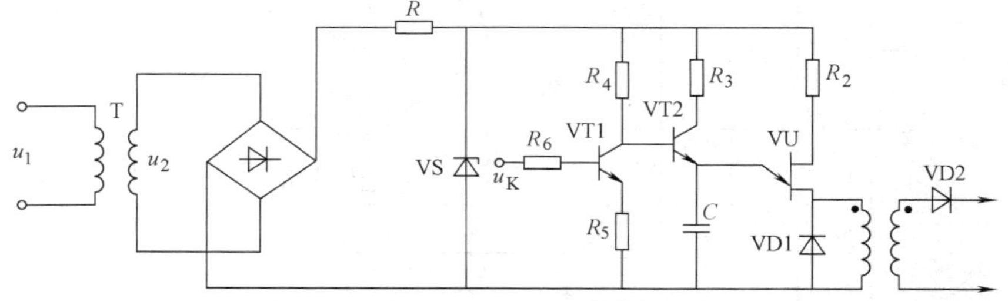

图 8-31　自动控制的单结晶体管触发电路

晶体管 VT1 和 VT2 组成直接耦合直流放大电路。控制电压 u_k 经 VT1 放大后加到 VT2 的基极。当 u_k 增大时，I_{C1} 增大，使 VT1 的集电极电位 U_{C1} 下降，从而使 VT2 的 I_{C2} 增大，VT2 的集、射极间的等效电阻变小，电容 C 充电加快，触发信号的触发延迟角减小。反之，触发延迟角增大。VT2 相当于一个可变的电阻，改变控制电压 u_k 可进行移相。这样由控制电压 u_k 实现了对可控整流电路输出电压的自动控制。

技能训练 17　单结晶体管触发电路的安装和测试

一、训练目的

1）正确组装一个单结晶体管的触发电路。

2）学会用示波器观察单结晶体管的输出波形，了解电路的工作原理。

二、训练器材

（1）工具　电烙铁、焊料及常用无线电装配工具一套。

（2）仪表　万用表、示波器。

（3）元器件　本技能训练所需元器件见表 8-7。

表 8-7　所需元器件

序　号	名　称		规　格	数　量
1	电阻器	R_1	470Ω	1 只
2		R_2	100Ω	1 只
3		R_3	1kΩ	1 只
4	电位器 RP		100kΩ	1 只
5	电容器		0. 1uF	1 只
6	单结晶体管		BT33	1 只
7	实验板		—	1 块

（4）测试电路　图 8-32 所示为单结晶体管触发电路。

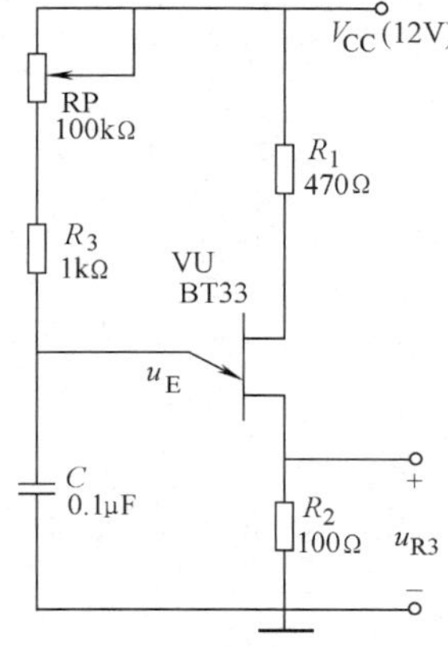

图 8-32　单结晶体管触发电路

三、训练内容及步骤

1. 清点、检测元器件并对元器件进行搪锡处理

1）按表 8-7 核对元器件的数量、型号和规格，如有短缺、差错应及时补缺和更换。

2）用万用表检测电路元器件，对不符合质量要求的元器件剔除并更换。

3）清除元器件引脚上和实验板上的氧化层，并搪锡。

2. 电路的组装

准备好电烙铁和无线电常用装配工具，按原理图将元器件插接后焊接固定，再用硬铜导线根据电路的电气连接关系进行布线并焊接固定，组装后的电路板如图 8-33 所示，其焊接面如图 8-34 所示。

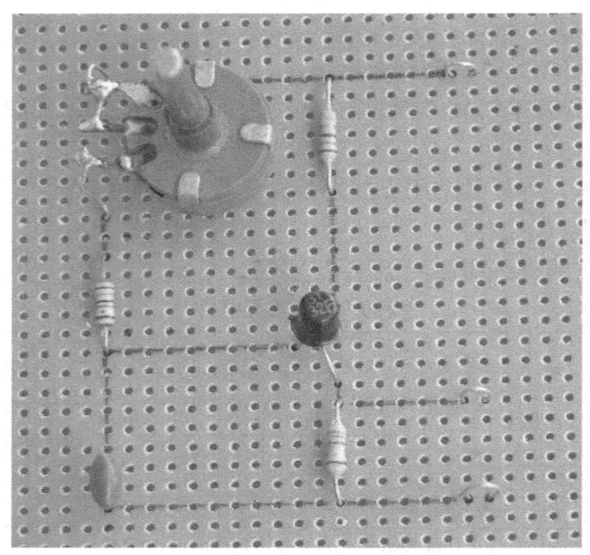

图 8-33 单结晶体管触发电路的电路板

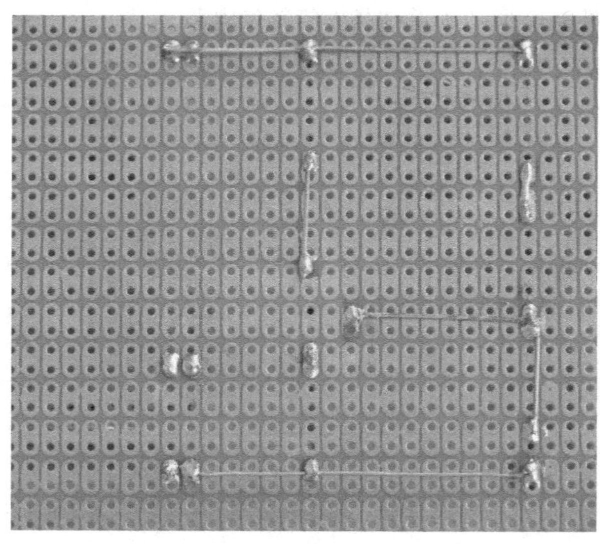

图 8-34 单结晶体管触发电路焊接面

3. 电路的测试

调节电位器 RP，用示波器仔细观察输出波形，记录波形的的形状，测量波形的频率和电压最大值，见表 8-8。

表 8-8　输出电压与波形记录

波形形状	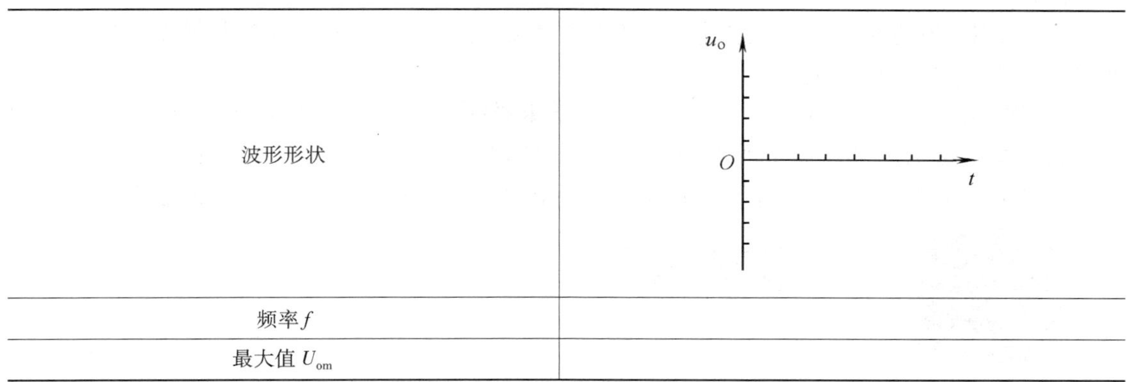
频率 f	
最大值 U_{om}	

其中，用示波器测量波形时，垂直输入灵敏度选择开关（V/div）每格________ V 挡，扫描时间转换开关（s/div）每格________ ms 挡。

四、评分标准

本技能训练评分标准见表 8-9。

表 8-9　评 分 标 准

内容	要求	配分	评分标准	扣分	得分
元器件检测	元器件完好，无损坏	15 分	每处损坏扣 3 分		
电路安装	电路安装正确，完整	15 分	安装不正确每处扣 5 分		
	布局层次合理，主次分清	10 分	每处不符合扣 5 分		
	接线规范，布线美观，横平竖直	5 分	每处不符合扣 2 分		
	排列整齐	5 分	不整齐扣 5 分		
	按图焊接，接线牢固，无虚焊、漏焊，焊点光滑，无毛刺	10 分	焊点粗糙扣 3～5 分，虚焊、漏焊，每处扣除 3～5 分		
调试	通电调试	10 分	不成功扣 10 分		
波形的测量	正确使用示波器测量波形，测量的结果（波形形状和幅度）要正确	20 分	一处不符合扣 4 分		
安全生产	安全、文明操作	10 分	违反者扣 10 分		

本 章 小 结

1）晶闸管是一种电力半导体器件，是一种可控的电子开关。它的应用使得电子技术的应用从弱电领域扩展到了强电领域。主要应用在可控整流、交流调压、大功率变频控制、逆变控制和无触点开关等方面。

2）普通晶闸管（单向晶闸管）只有在阳极和阴极间加正向电压，同时在门极和阴极间加正向触发电压时，它才会导通。晶闸管导通后，其门极便失去控制作用，要使导通的晶闸管关断，必须将阳极电压降低，使通过阳极的电流减小到低于维持电流 I_H，或者改变阳极电压的极性。

3）利用晶闸管可构成可控整电路，改变触发延迟角 α 的大小（即控制触发脉冲出现的时刻），可调节输出电压的大小。

4）单结晶体管是一种具有负阻特性的半导体器件。利用单结晶体管和 RC 电路组成的自激振荡电路可为晶闸管提供触发信号。振荡电路和主电路采用同一电源变压器（称为同步变压器），这样才能使每半个周期内触发延迟角相等，从而保证输出电压幅度稳定。

复习思考题

1. 晶闸管导通的条件是什么？

2. 导通后的晶闸管关断的条件是什么？

3. 某单相半控桥式整流电路，负载 $R_L=5\Omega$，交流电源电压 $U_2=220V$，触发延迟角 $\alpha=60°$，求输出电压平均值 U_L 和负载中平均电流 I_L。

4. 一单相半控桥式整流电路，直接从电网供电 220V，要求输出直流电压 $U_L=75V$，直流电流 $I_L=20A$，试计算晶闸管的导通角 θ，并选择合适的管型。

5. 图 8-35 所示为一个防盗报警电路，使用时 A、B 间用短路线连接，若短路线断开则报警。试分析该电路工作原理。

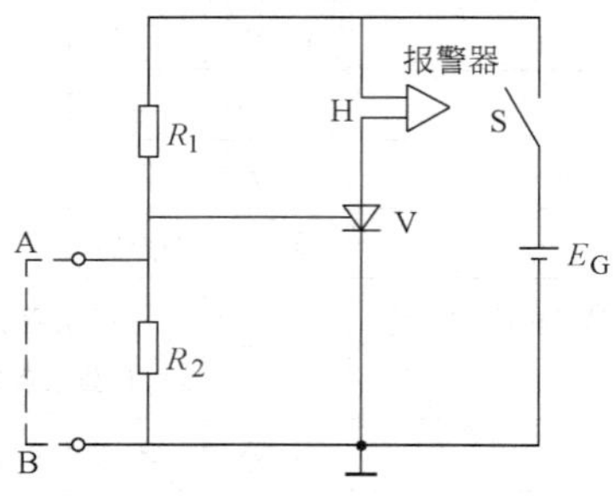

图 8-35

参 考 文 献

［1］ 李建新．模拟电子电路［M］．北京：中国劳动社会保障出版社，2006.

［2］ 邵展图．电子电路基础［M］．北京：中国劳动社会保障出版社，2003.

读者信息反馈表

感谢您购买《模拟电子》一书。为了更好地为您服务，有针对性地为您提供图书信息，方便您选购合适图书，我们希望了解您的需求和对我们教材的意见和建议，愿这小小的表格为我们架起一座沟通的桥梁。

姓　　名		所在单位名称	
性　　别		所从事工作（或专业）	
通信地址		邮　　编	
办公电话		移动电话	
E-mail			

1. 您选择图书时主要考虑的因素（在相应项前面√）

（　　）出版社　（　　）内容　（　　）价格　（　　）封面设计　（　　）其他

2. 您选择我们图书的途径（在相应项前面√）

（　　）书目　（　　）书店　（　　）网站　（　　）朋友推介　（　　）其他

希望我们与您经常保持联系的方式：

☐ 电子邮件信息　☐ 定期邮寄书目

☐ 通过编辑联络　☐ 定期电话咨询

您关注（或需要）哪些类图书和教材：

您对我社图书出版有哪些意见和建议（可从内容、质量、设计、需求等方面谈）：

您今后是否准备出版相应的教材、图书或专著（请写出出版的专业方向、准备出版的时间、出版社的选择等）：

非常感谢您能抽出宝贵的时间完成这张调查表的填写并回寄给我们，您的意见和建议一经采纳，我们将有礼品回赠。我们愿以真诚的服务回报您对机械工业出版社技能教育分社的关心和支持。

请联系我们——

地　　址　北京市西城区百万庄大街22号　机械工业出版社技能教育分社

邮　　编　100037

社长电话　（010）88379080　88379083　68329397（带传真）

E-mail jnfs@ mail. machineinfo. gov. cn